换流站电气设备
抗震设施
运维技术

中国南方电网有限责任公司
超高压输电公司大理局 ｜ 组编
同济大学 ｜

中国电力出版社
CHINA ELECTRIC POWER PRESS

内 容 提 要

　　本书立足于项目科研成果，结合高地震带特高压换流站建设、运行和检修维护中的现场经验，讲述特高压换流站抗震设计、电气设备抗震设施运维、震后应急处置等相关的理论和现场知识，以期加深对换流站电气设备抗震设施的了解。

　　本书共 11 章，主要介绍换流站电气设备抗震设施功能、技术原理、运维要求、检测方法、震后应急处置及展望工作。主要包括研究背景及现状、变压器、换流阀及阀冷、直流穿墙套管、滤波器、交流场支柱类设备、直流场支柱类设备、二次设备、辅助类设备的抗震运维要点，换流站震后应急处置相关要点，换流站抗震研究展望。

　　本书可供从事特高压换流站设计、电气设备设计/制造/安装/运维和检修的工程技术人员使用，也可为抗震研究科研院所的相关专业工作者提供一定的借鉴和参考。

图书在版编目（CIP）数据

换流站电气设备抗震设施运维技术 / 中国南方电网有限责任公司超高压输电公司大理局，同济大学组编. —北京：中国电力出版社，2024.8
ISBN 978-7-5198-8847-3

Ⅰ. ①换… Ⅱ. ①中…②同… Ⅲ. ①换流站–电气设备–防震设计–研究 Ⅳ. ①TM63

中国国家版本馆 CIP 数据核字（2024）第 081063 号

出版发行：中国电力出版社
地　　址：北京市东城区北京站西街 19 号（邮政编码 100005）
网　　址：http://www.cepp.sgcc.com.cn
责任编辑：周秋慧（010-63412627）
责任校对：黄　蓓　王小鹏
装帧设计：王红柳
责任印制：石　雷

印　　刷：廊坊市文峰档案印务有限公司
版　　次：2024 年 8 月第一版
印　　次：2024 年 8 月北京第一次印刷
开　　本：710 毫米×1000 毫米　16 开本
印　　张：15.75
字　　数：248 千字
定　　价：88.00 元

换流站电气设备抗震设施
运维技术

—— 编 委 会 ——

主　任：高锡明

副主任：龚天森　　冯　鹄　　罗　炜　　邱有强

　　　　禹晋云　　方　苏　　余荣兴　　郝志杰

　　　　王屯处

委　员：谢益帆　　干　强　　张鹏望　　郭纯海

　　　　樊道庆　　黄剑湘　　陈　名

换流站电气设备抗震设施运维技术
编 写 组

主　编：雷鸣东　　谢　强

副主编：邱有强　　禹晋云　　余荣兴　　龙　启　　苏国磊

　　　　张科峰　　张朝辉　　金　涛

成　员：干　强　　谢益帆　　周威振　　杨礼太　　贺红资

　　　　梁　晨　　徐　晟　　孔令斌　　杜庆贤　　黄剑湘

　　　　吴华丰　　赵银山　　杨应山　　吕　禹　　王　兴

　　　　戴昊辰　　林　虎　　姜渭鹏　　付　强　　郗家峰

　　　　续　兴　　张世洪　　李子由　　李　阳　　陈健哲

　　　　邱毅楠　　李浩丹　　徐宏争　　杨　航　　封常贤

　　　　沈应靠　　彭仕游　　张　涵　　陈超泉　　杨　洋

　　　　谢桂泉　　张鹏望　　郭纯海　　王金雄　　尹国富

　　　　李　强　　胡跃申　　马　越　　何兴谷　　于　刚

　　　　蒋　益　　石高扬　　陆　军　　毛宝俊　　谢　靖

　　　　刘任鹏　　乔新柱　　叶旭琛　　胡晋语　　杜宇坤

　　　　王　喆　　魏森淼　　熊超诣　　庄一豪　　徐　哲

　　　　吴思源　　任宇航　　李子轩　　雷朝煜　　陈小平

　　　　贤天华　　李　林　　李言武　　郭　利　　张　镭

换流站电气设备抗震设施运维技术

前　言

直流特高压（UHVDC）是指±800kV（±750kV）及以上电压等级的直流输电及相关技术，一般而言，直流特高压输电系统由送端交流系统、整流站、直流输电线路、逆变站、受端交流系统五个部分构成，其主要特点是输送容量大、电压高，可用于电力系统非同步联网。

为加快经济社会发展方式绿色转型，促进清洁能源消纳，国家坚持西电东送战略，将西部的绿色优质能源通过直流输电通道源源不断送往东部发达地区。由于受环太平洋地震带和欧亚地震带的影响，我国的地震高发区域往往是能源集中区域，或者西电东送的必经走廊，该区域发生地震灾害后，将对电气设备造成严重破坏。而特高压电气设备相比低压电气设备而言，体型更高、更长，重量更大，加之输电体量巨大，在遭受地震灾害后其易损性更高，故障影响范围更广，后果更严重。为此，科研工作者们研究了强震区电气设备的运行和维护技术，该技术是电气设备抗震设计的进一步优化与发展，已在±800kV新松换流站等站点得到了应用。

本书立足于项目科研成果，结合高地震带特高压换流站建设、运行和检修维护中的现场经验，重点介绍了特高压换流站抗震设计、电气设备抗震设施运维、震后应急处置等内容，为从事特高压换流站设计、电气设备设计/制造/安装/运维和检修的工程技术人员，以及抗震研究科研院所的相关专业工作者提供一定的借鉴和参考。

本书是从事换流站抗震现场运维的成果总结，全书共11章，第1章主要介绍研究背景及现状；第2章主要介绍变压器设备的抗震运维要点；第3章主要介绍换流阀及阀冷设备的抗震运维要点；第4章主要介绍直流穿墙套管设备的抗震运维要点；第5章主要介绍交直流滤波器的抗震运维要点；第6章主要介绍交流场支柱类设备的抗震运维要点；第7章主要介绍直流场支柱类设备的抗震运维要点；第8章主要介绍二次设备的抗震运维要点；第9章主要介绍辅助类设备的抗震运维要点；第10章主要介绍换流站震后应急处置相关要点；

第 11 章主要介绍换流站抗震研究展望。

本书在编写过程中得到了南方电网科学研究院有限责任公司李凌飞、中国电力工程顾问集团西南电力设计院有限公司邓晓、中国电力工程顾问集团中南电力设计院有限公司高湛、南方电网储能股份有限公司张琪琦、中国南方电网有限责任公司超高压输电公司方苏、中国南方电网有限责任公司超高压输电公司电力科研院周海滨等的大力支持和帮助，谨在此表示衷心的感谢。

由于作者水平有限，书中难免存在错误和不当之处，敬请广大读者批评指正。

编　者

2024 年 7 月

换流站电气设备抗震设施运维技术

目 录

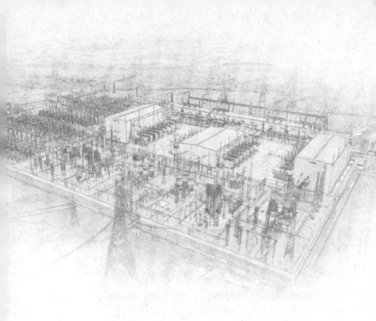

1 概　述

1.1　电气设备震害及抗震意义

作为电网生命线系统的重要组成部分，电气设备一旦在强烈地震中遭受严重破坏，不仅会造成直接的经济损失，严重时还将造成震区及周边地区的大面积停电，使整个社会生活陷于瘫痪。随之而来的次生灾害，更有可能给社会带来难以预料的后果，如火灾、缺水、断电等。1989 年奥克兰（Oakland）地震后发生的大面积火灾，正是停电导致供水系统瘫痪而无法及时救火造成的。同时，电力系统在地震中的破坏程度还决定着震后的救援与重建工作能否顺利进行。

近几十年来发生的历次强烈地震均对当地电气设备及电力系统造成了严重破坏。电气设备在地震作用下的易损性极高，破坏造成的经济损失也极为严重。2008 年汶川地震（$M_S = 8.0$）中，四川电网遭受史无前例的破坏，造成灾区某些城镇 10 天内无法供电。地震 29 天后，被破坏的 35kV 以上的 177 座变电站中的 155 座才被修复恢复运营（其中毁坏的二台山变电站如图 1−1 所示）；震后 100 天，其中的 5 座严重损坏的变电站才开始规划重建。据估计，修复或更换这些电力设施需要约 313 亿元人民币，另外造成经济损失约 106.5 亿元人民币。2013 年芦山地震（$M_L = 7.0$），导致芦山、天全、宝兴三县电网全部垮网，34 座 35kV 及以上变电站停运，265 条 10kV 及以上输配电线路停运，共计 626 台变电设备损坏。其中，2 座 220kV 变电站、7 座 110kV 变电站、15 座 35kV 变电站严重损毁；224 条 35kV 及以上线路严重受损。其中天全县 500kV 雅安变电站 1、2 号主变压器套管漏油，避雷器受损；天全县 110kV 沙坪变电站 1、2 号主变压器高压套管漏油，3 号主变压器基础移位；宝兴县的 220kV 黄岗变电站和芦山县的 110kV 金花变电站的主变压器遭受不同程度震害。地震累计造成约 18.66 万客户停电，电网直接经济损失超过 7 亿元人民币。此外，2014 年云南鲁甸地震造成 220kV 发界变电站设备破坏，2022 年四川泸定地震与 2023 年甘肃积石山地震均造成灾区电力设备损坏。

图 1-1 汶川地震后毁坏的二台山变电站

1986 年美国南加州棕榈泉地震（Palm Springs earthquake，$M_L=6.0$）和 1987 年惠蒂尔地震（Whittier earthquake，$M_L=5.9$）地震中，尽管一些变电站的地震动水平向达到 1.0g，竖向达到 0.5g（g 为重力加速度），但是除了一些电力设施陶瓷部件破损外，大部分电力设施在这两次地震中保存了下来，说明了 1971 年以后设计标准的保守性。同时，由于大多变电站设施包含有脆性陶瓷部件，且大多设施为刚性连接，爱迪生联合电气公司的变电站设施出现了大量陶瓷套管、避雷器和断路器绝缘子断裂，以及变压器箱体漏油现象。1994 年美国北岭地震（Northridge earthquake，$M_w=6.6$）造成了美国西北部约 250 万用户大面积停电。变电站的震害主要是 230kV 和 550kV 变压器大型陶瓷套管破坏和断路器、隔离开关等瓷质设备破坏。由于吸取了圣费尔南多地震的教训，已经对电力设施采取了抗震措施，总体上电力系统损失较小。1995 年日本神户地震

（Kobe earthquake，$M=7.2$）中，日本一批变电站遭受严重破坏，沙土液化，造成大量变压器基础沉降、倾斜，变压器和绝缘断路器陶瓷套管破裂，套管与安装法兰移位而产生漏油，避雷器和输电塔倾倒。1999 年土耳其 Koeaeli 地震同样发生了很大范围的停电，造成这次事故的最主要的原因是一座 380kV 变电站遭到破坏，站内损坏的变压器如图 1-2 所示。2010 年墨西哥、智利、海地地震，以及 2010—2011 年新西兰地震中，变电站同样遭受了较为严重的破坏。2011 年日本东北部地震造成 134 个变电站共计 621 个设备破坏，并造成约 400 万用户断电。2023 年土耳其大地震造成当地 30 座变电站受损。

图 1-2 土耳其地震造成的变压器损坏

我国位于环太平洋地震构造系与大陆地震构造系的交汇部位，从地震分布特征及地震地质背景两方面而言，我国存在发生频繁、高烈度地震的内因与外在条件。而根据 2017 年版的《中国地震烈度区划图》，我国地震活动活跃的地震区（带）主要分布于华北、西北地区（我国煤电生产基地），以及西南地区（我国水电生产基地），因此地震灾害对电力系统构成了巨大的威胁。如果电力系统在地震中遭受严重破坏，高昂的灾后恢复、重建费用，以及停电造成的巨额损失，都将给国民经济和人民的生活带来难以估量的影响，这在近年来国内外发生的历次强烈地震中已经得到了证明。

电气设备抗震的意义在于确保电气设备在地震发生时能够安全可靠地运行，防止设备损坏、系统故障和人员伤亡。从设备安全性角度考虑，地震可能导致建筑物和结构物的振动和变形，从而损坏电气设备。通过设计和安装抗震设施，可以大大减小设备在地震中受到的冲击，提高设备的抗震能力，从而保障设备的安全性。从系统可靠性角度考虑，很多电气设备是相互关联的，构成一个复杂的电气系统，地震可能导致电力系统中的元件错位或断裂，从而影响系统的运行和可靠性，抗震设计可以降低系统故障的风险。从业务连续性角度考虑，对于一些关键的电气设备，例如变电站（换流站）、通信基站等，其正常运行对于社会和经济的正常运转至关重要，抗震设计有助于保障这些关键设备在地震发生后能够迅速地恢复到正常工作状态，确保业务的连续性。从人员安全角度考虑，电气设备通常安装在各种建筑物和结构物中，包括工业厂房、办公楼等，在地震发生时，设备的损坏可能导致设备周围区域发生安全风险事故，有可能造成人员伤亡，抗震设计有助于减少这些风险，提高人员在地震中的安全性。从环境保护角度考虑，一些电气设备中含有对环境有害的物质，地震可能导致这些物质泄漏，对周围环境造成污染，抗震设计可以减少这些设备的损坏，降低环境风险。

1.2　换流站抗震技术发展

在地震记载中，变电站（换流站）电力设备容易在地震中损坏甚至损毁，从而导致电网灾害的发生。1995 年发生的日本神户地震中，变压器套管的损坏，引发了约 100 万用户停电。在国内陆续发生的汶川、云南昭通彝良等地震中，变电站中的电气设备也受损严重。可见，地震灾害已成为威胁电力系统安全运行的重要因素，因此，电力系统（特别是高地震烈度地区的特高压换流站）设计建设中的抗震性能引起了高度关注。但随着电压等级、站址海拔高程的提高，设备结构尺寸增大，这为抗震设计带来了更高的技术难度。

国内外关于特高压换流站的抗震研究极为薄弱，且换流站抗震设计及设备抗震设防要求没有明确的技术标准，因此针对换流站电气设备开展抗震技术的研究是近些年来亟待解决的问题和众多学者的研究热点。

换流站是电力系统中的重要组成部分，其抗震技术的发展对于确保电力系统的安全稳定运行具有重要意义。

1.2.1　结构抗震设计与分析

换流站的主要建筑物和电气设备需要经受地震作用的考验，因此结构抗震设计变得至关重要。采用合理的结构抗震设计和分析方法，通过地震响应谱分析、非线性时程分析等手段，对建筑物和电气设备进行合理的设计，以确保其在地震中具有良好的抗震性能。

电气设备抗震设计主要分为单体设备抗震设计与耦联设备抗震设计，图 1－3 为换流变压器单体设备，图 1－4 为隔离开关耦联设备，主要的抗震计算方法包括等效静力法、底部剪力法、振型分解反应谱法，以及时程分析法等。这些方法，对于单体设备及耦联设备有不同的适用性标准，需要进行区分。

图 1－3　换流变压器单体设备

图 1-4　隔离开关耦联设备

1.2.1.1　单体设备抗震设计

（1）对于基频高于 33Hz 的电气设备，可以认为其是刚性的，可采用等效静力法进行计算。

静力法计算包含以下内容：

1）地震作用计算。

2）在电气设备、电气装置的根部和其他危险断面处，计算地震作用与其他荷载按规定的方式进行组合后产生的弯矩、应力。

3）抗震强度验算。其中，对于地震作用下产生的弯矩或剪力，静力法采用以下方法进行计算

$$M = a_0 G_{eq}(H_0 - h)/g \qquad （1-1）$$

$$V = a_0 G_{eq}/g \qquad （1-2）$$

式中：M 为地震作用产生的弯矩，kN·m；G_{eq} 为结构等效总重力荷载代表值，kN；H_0 为电气设施体系重心高度，m；h 为计算断面处距底部高度，m；V 为地震作用产生的剪力，kN；a_0 为设计地震加速度值；g 为重力加速度。

（2）对于以剪切变形为主的或近似于单质点体系的电气设备，可采用底部剪力法。

（3）除上述两款外的电气设备，宜采用振型分解反应谱法。

（4）对于特别不规则或者有特殊要求的电气设备，可采用时程分析方法进行补充抗震设计。

电气设施按振型分解反应谱法或时程分析方法进行抗震计算时，应包括以下内容：

1）体系自振频率和振型计算。

2）地震作用计算。

3）在地震作用下，各质点的位移、加速度，以及各断面的弯矩、应力等动力响应值计算。

4）在电气设备、电气装置的根部和其他危险断面处，计算地震作用与其他荷载按规定的方式进行组合后产生的弯矩、应力。

5）抗震强度验算。

1.2.1.2　耦联设备抗震设计

（1）对于耦联两侧设备频率差异较大，或者耦联连接件较柔、耦联作用力很小的耦联设备，可以直接对耦联两侧设备进行解耦处理，即不考虑耦联作用，将两侧设备分别按照单体设备计算。

（2）当耦联作用不可忽略，耦联作用力会对两侧耦联设备产生较大影响时，可采用振型分解反应谱方法及时程分析方法计算。无论单体设备还是耦联设备，时程分析方法都应满足以下要求：可采用实际强震记录或人工合成地震动时程作为地震动输入时程。输入地震动时程不应少于 3 条，其中至少有一条人工合成地震动时程。时程的总持续时间不应少于 30s，其中强震动部分不应少于 6s。计算结果宜取时程法计算结果的包络值和振型分解反应谱法计算结果的较大值。

（3）在选择计算模型时，对于耦联连接件力学性能较简单的情况，可以采用质量-弹簧体系力学模型；对于耦联连接件力学性能、约束条件复杂的情形，可以根据连接件的实际情形建立精细化有限元模型。其中，质量-弹簧体系力学模型的选取原则如下：

1）把连续分布的质量简化为若干个集中质量，并合理地确定质点数量。

2）刚度应包括悬臂杆件或弹簧体系的分布刚度和连接部分的集中刚度。

3）高压管形母线、大电流封闭母线等长跨结构的电气装置，可简化为多质点弹簧体系。

1.2.2 振动台试验

通过振动台试验可对建筑物、电气设备的抗震性能进行验证。对电气设备整体或关键部件进行振动台试验可以更真实地模拟地震作用，评估设备的响应和抗震性能，而且可以基于试验结果验证理论或仿真模型的准确性，并进行相应的优化和改进。为研究±800kV特高压换流变压器的抗震性能，依据某工程中的换流变压器，通过精细化有限元分析，计算了该设备在地震作用下关键部位的位移、应力及加速度响应，分析了其器箱壁、箱壁升高座及套管升高座对套管的动力特性及放大系数的影响。结果表明，特高压换流变压器在地震作用下，套管竖向位移响应明显，顶部竖向位移达387mm。套管根部加速度、位移及顶部位移放大系数存在较大差异，三者之比为1∶2.18∶0.55。另外，在地震波反应谱平台段内，套管根部加速度放大系数均大于规范推荐值2。箱壁及升高座能降低套管频率，增大其地震响应；套管顶部位移较大，可能造成设备间牵拉破坏；套管应力、加速度及位移放大系数不一致，在单独考核套管抗震性能时应分别考虑。相关电力设备振动台试验如图1-5所示。

(a) 800kV穿墙套管　　　　　　　　　(b) 220kV变压器

图1-5　电力设备振动台试验（一）

(c) 800kV隔离开关

(d) 220kV隔离开关

(e) 1100kV断路器

(f) 1100kV气体绝缘开关设备（GIS）套管

图1-5　电力设备振动台试验（二）

(g) 500kV避雷器-互感器耦联体系   (h) 220kV断路器

图1-5　电力设备振动台试验（三）

1.2.3　设备抗震加固措施

换流站内的电力设备体量大，具备高、重、柔的结构特性，如换流变压器、直流穿墙套管等。设备特殊的结构特性造成其在地震作用下的易损较高，因此设备相应的抗震加固措施也得到一定的研究发展。例如，可以采用减震装置、隔震装置等技术，降低地震作用对设备的影响。换流变压器采用橡胶隔震支座或摩擦摆隔震支座，穿墙套管采用了弹簧摩擦阻尼器，旁路开关采用了钢丝绳和黏滞阻尼器组合的复合减震装置等，如图1-6所示。

1.2.4　抗震韧性评估

抗震韧性指的是系统在地震发生时，能够保持一定程度的稳定性和功能性，即系统的弹性和恢复能力。通过对换流站整体进行抗震韧性评估，可得到换流站整体系统功能在地震作用下的变化，可以引导整站的抗震设计，并为震后维修方案和修复策略提供一定的理论依据。抗震韧性评估框架如图1-7、图1-8所示。

(a) 橡胶隔震支座   (b) 摩擦摆隔震支座

(c) 弹簧摩擦阻尼器   (d) 复合减震装置

图 1-6 电力设备减隔震装置

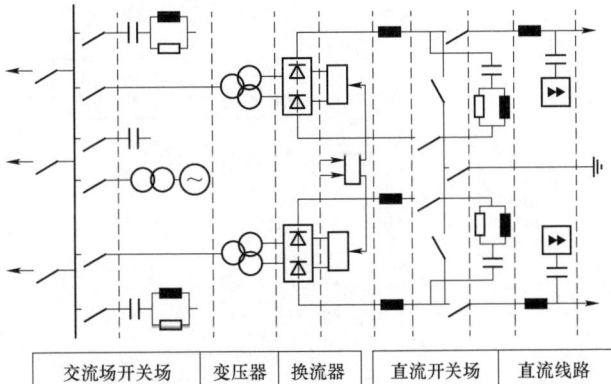

| 交流场开关场 | 变压器 | 换流器 | 直流开关场 | 直流线路 |

(a) 接线图

图 1-7 按照电气功能与结构连接情况划分功能单元（一）

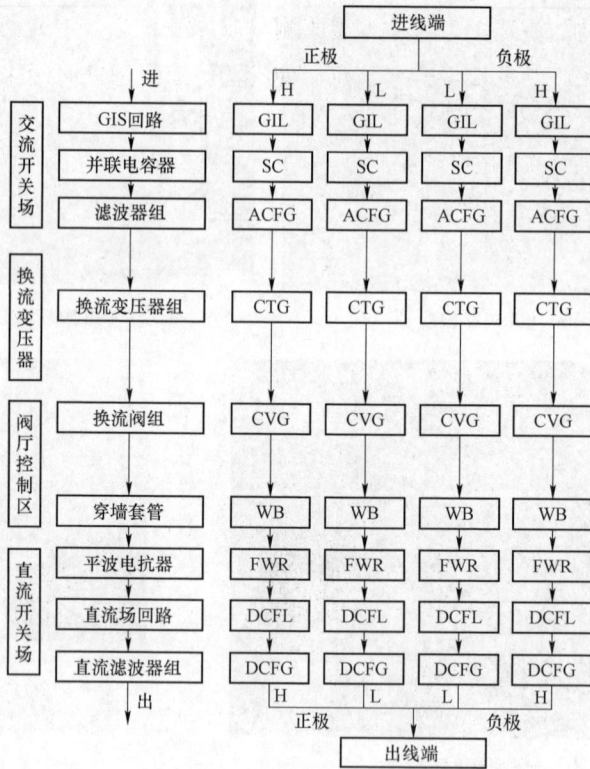

（b）拓扑关系图

图 1-7 按照电气功能与结构连接情况划分功能单元（二）

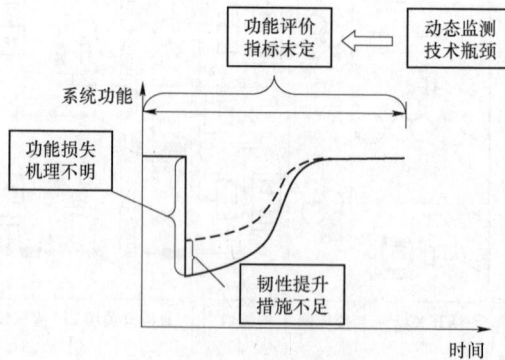

图 1-8 抗震韧性评估

1.2.5　监测与预警系统

针对换流站的特殊性，建立地震监测与预警系统是一项关键措施。通过实时监测地震活动，及时提供预警信息，使换流站有足够的时间采取应急措施，减小地震作用对电力系统的影响，如图 1-9、图 1-10 所示。

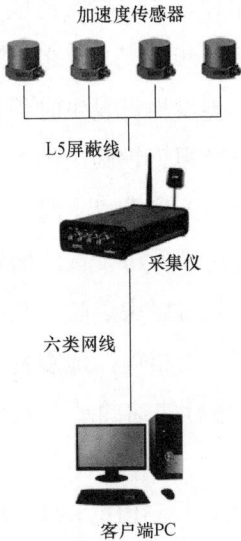

图 1-9　地震监测系统

图 1-10　监测系统安装与调试

总体而言，换流站抗震技术的发展是为了提高电力系统的抗震性能，确保电力设备和系统在地震发生时能够保持安全稳定运行。随着科技的不断进步，预计未来将会有更多创新技术应用于换流站的抗震设计中，以提高电力系统的整体安全性和可靠性。

1.3　换流站抗震要求

地震作用下变电设施极易损坏。一方面，由于设施自振频率多在 1~10Hz 范围内，与地震波的卓越频率接近，地震发生时极易产生共振现象；另一方面，电力设施多采用脆性材料，其阻尼比小、强度较低，在地震作用下会加大震害发生概率。考虑到换流站内设备由母线连接在一起，且部分设备安装有一定的高度，设备尺寸较大，重心高，母线与设备形成的耦联体系与单体设备的地震响应有很大不同，在强震下，由于相互间的动力作用可能对地震响应起放大作用，影响电力系统安全运行，造成巨大经济损失。

在 GB 50260—2013《电力设施抗震设计规范》实施前，特高压换流站均按照 GB 50260—1996《电力设施抗震设计规范》（已作废）进行设计，最高设防烈度为 8 度，且在运换流站抗震设计时重点考虑的是单体设备的抗震性能。而随着人们对电力设备震害及设备耦联体系地震响应的进一步研究，仅考虑 8 度作为最高设防烈度不能起到有效的抗震设防作用，在高烈度地震发生时仍有大量设备受损，因此 GB 50260—2013 中 1.0.9 要求："重要电力设施中的电气设施可按抗震设防烈度提高 1 度设防，但抗震设防烈度为 9 度及以上时不再提高"。一旦强震发生，位于高烈度地震区域的换流站存在设备与设备间的耦联作用，这种耦联作用可能使换流站设备失效或损坏，给运行带来风险，从而带来难以估量的经济损失。同时，在运换流站无地震响应监测措施，地震发生时无法获取地面或结构的振动响应数据并对站内主设备进行快速的动力响应评估，因此难以发现隐性缺陷，存在巨大安全隐患。

国内外现行电气设备抗震设计规范的适用对象范围不同。IEEE 693—2018《变电站抗震设计推荐规程》涵盖电气设备的电压等级范围最广，还对安置设备的构筑物的抗震设计有明确要求，并且针对各类电气设备的结构和功能特点，在附录中给出了每一类设备详细的抗震评定流程和注意事项。IEC TS 61463—2016《套管——抗震鉴定》主要关注 52kV 以上的各类设备套管的抗震设计和评定，一般电气设备的电压等级越高，其套管结构越长，重心越高、质量越大、地震易损性越高，因而对于 52kV 及以下的设备套管而言，只要满足一定的抗震构造措施，而无须另外进行抗震设计验算。目前欧美规范尚未明确适用范围的设备电压等级上限，与欧美规范相比，我国规范明确了适用范围的设备电压等级上限，尚缺乏关于特高压（800kV 和 1100kV）电气设备的抗震设计和试验鉴定要求，而特高压输变电工程已经在我国开始全面建设，特高压设备"高、大、重、柔"的结构特性使得其抗震研究更加重要。

地震作用下，支承结构会改变安装于其上的电气设备的动力特性，并具有一定的动力放大效应和"滤波"作用，因此各规范均推荐在实验条件允许的情况下，应进行完整设备－支承结构体系的振动台试验，以全面准确地评估套管的抗震性能。实际情况下，由于支承结构的尺寸、重量或其他原因的限制而不具备整体试验的条件时，需要将套管安装在一个锚固于振动台台面的刚性支架（IEEE 693—2018《变电站抗震设计推荐规程》要求基频大于 24Hz；IEC TS 61463—2016《套管——抗震鉴定》要求基频大于 33Hz）上，并同时对试验要求输入的反应谱进行调整，一般通过乘以一个对应支承结构的动力反应放大系数来实现。

对于 GIS 等开关类设备套管，我国规范规定的支架动力放大系数明显偏小，可适当提高。IEEE 693—2018《变电站抗震设计推荐规程》给出了更为详细的规定：对于支架尺寸和截面等信息未知的情况，其动力放大系数取 2.5，而对于支架参数已知的情况，建议通过分析与试验相结合的方式对套管的抗震性能进行评定。通过建立完整的实际支架－设备套管有限元模型，计算得到套管与支架连接处的加速度时程曲线，以此作为刚性支架－设备套管抗震试验的输入，并对该输入乘以放大系数 1.1，以考虑未知的不确定性。

对于变压器套管，中美规范规定一致。IEC TS 61463—2016《套管——抗震鉴定》还根据所鉴定的变压器套管的实际具体锚固位置（箱体、升高座）进行了区分。

对于穿墙套管，欧美规范的规定差异很大，而我国规范缺乏明确规定。由于阀厅较为庞大复杂，且不同变电站和换流站采用的穿墙套管型号、阀厅结构形式、套管安装高度和方式均不相同，穿墙套管与阀厅之间的动力相互作用机理亟待进一步探索，以期为穿墙套管抗震鉴定试验中动力放大系数的取值提供依据。

通过鉴定试验评定套管的抗震性能时，需要从直观的试验现象和间接的测量数据上进行校核，即规定满足如下要求：① 设备套管无破损，金属法兰无开裂，法兰与套管连接处无相对滑移，垫圈无挤出；② 试验过程中套管无任何漏气或漏油现象，试验结束后套管无明显的残余变形；③ 验证试验测得的危险断面应力值与其他荷载所产生的应力进行组合后是否满足规定限值，方可确认试品能否满足抗震规范要求。

1.4 换流站抗震设施及抗震效果简介

1.4.1 换流站抗震需求

换流站是电力系统的重要组成部分，一个典型的换流站包含一整套相互连接的设备，如换流变压器、断路器、避雷器、电容器、隔离开关等。大多数设备上部支撑着脆性的陶瓷套筒，为电瓷型电气设备，这类设备的地震损坏率是比较高的。唐山地震中，断路器的损坏率最高达到58%，隔离开关损坏率最高达到30%，避雷器损坏率最高达到66%。由于陶瓷是脆性材料，储能能力小，材料的强度低，加上设备的结构形式细长，而且上部质量较大，地震时瓷套管的根部承受较大的弯矩，瓷套管因强度不足而断裂。另外，这类设备的固有频率为1~10Hz，与地震波的卓越频率相近，容易发生共振，而且这类设备阻尼较小，但共振动力放大系数较大，损坏更加严重。换流站中的设备通常通过硬管形母线或软母线相互连接，地震中，管形母线连接两侧设备具有不同的结构特性，如果这些设备间的连接柔度不够，强震作用下两侧设备由于管形母线的牵拉会产生强烈的相互作用，管形母线对设备的牵拉力很可能会造成设备的破坏。震后现场调查表明地震中设备间的相互作用是造成一些电气设备被破坏的重要原因。尽管电力设施修复费用只占全部震后重建费用的一小部分，但电力系统失效造成的间接损失却是巨大的。目前，国内外关于换流站整体抗震设计的研究较少。2011年，HUNT等人对新西兰500kV换流站进行了全站隔震设计。

1.4.2 典型抗震方式及对应设施

抗震设施是在地震发生时，通过一系列设计和工程手段来减小建筑物和设备所受到的地震作用，以保护人员的生命安全和减少财产损失。换流站作为电力系统的重要组成部分，其抗震设施至关重要。抗震设施根据其抗震效果主要分为以下三种方式。

1. 加固提高抗震性能

为了提高换流站建筑结构及电力设备的整体抗震能力，通常采用加强结构的手段。这包括对主体结构进行加强，例如增设加劲肋、改用高强度材料（如纤维复合材料），以及采取抗震构造措施等，通过这些措施提高建筑与设备的整体抗震性能。此外，还可以采用加强连接节点的方式，使得设备受力更为均衡，避免应力集中，也使得各部分在地震作用下的响应更为协调和稳定。加强结构设施的效果在于提高整个换流站建筑与设备的抗震能力，降低地震作用下的破坏风险。通过合理设计和施工，可以有效地增强建筑物的抗震性能，确保电力设备在地震发生时能够保持相对稳定的状态（如图 1−11 所示）。

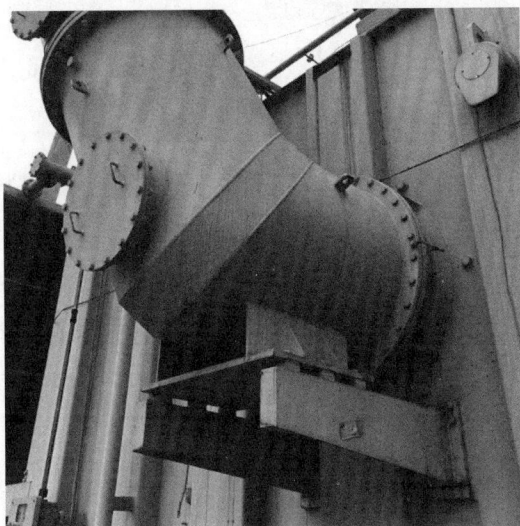

图 1−11　加固提高抗震性能

2. 应用隔震设施

隔震设施是一种通过在建筑结构和地基之间设置隔震层，减小地震作用对建筑物的传递的技术手段。对于换流站而言，隔震设施通常采用隔震基础或隔震支座。隔震基础通过设置橡胶隔震垫或滑动摩擦摆等隔震元件，降低建筑与设备的自震频率，避开地震的卓越频率段，从根本上减小地震产生的水平加速度传递到建筑物的程度。隔震设施的效果主要体现在减小地震对换流站设备的冲击力，降低设备破坏的风险。此外，隔震技术还能够有效减小地震产生的振动，提高电力设备的稳定性和可靠性。因此，隔震设施在换流站中的应用能够显著提高电力系统的抗震能力（如图 1−12 所示）。

图 1-12　摩擦摆隔震装置

3. 使用防震耗能装置

防震支撑系统是一种通过设置特殊的支撑结构，以吸收和分散地震作用力的设施。在换流站中，防震支撑系统通常通过设置防震支撑器件，如阻尼器、弹簧支撑等，来提高设备的抗震性能。这些支撑系统通常具有高阻尼和饱满滞回曲线的特性，在地震作用下先于主体结构发生变形从而耗能，其能够有效地减小地震产生的振动和冲击力，保护电力设备的正常运行。防震支撑系统的效果体现在提高电力设备的抗震能力、减小地震对设备的损伤。通过灵活而可控的支撑结构，防震支撑系统可以有效地吸收地震能量，减小震动传递到设备的程度，从而降低损坏风险（如图 1-13 所示）。

图 1-13　弹簧阻尼器耗能装置

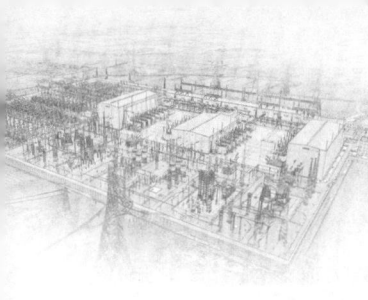

2 变压器

2.1 变压器的功能及原理

变压器（如图 2-1 所示）是电力系统中主要用来改变电压、传递电能的重要设备，是电网安全、经济运行的基础。

图 2-1　变压器

按用途分类，变压器主要分为以下几类：

（1）升压变压器：用于发电厂向外输送电力。

（2）降压变压器：用于变电站变换电压。

（3）配电变压器：用于向用户供电。

（4）厂用变压器：为发电厂提供内部用电。

（5）站用变压器：为变电站提供内部用电。

（6）换流变压器：用于直流输电，一侧接交流电，一侧接换流阀。

（7）整流变压器：用于火电厂给电除尘供电。

其中，在换流站（如图2-2所示）中，换流变压器是最常见的油浸式变压器，也是高压直流输电系统中最重要的设备之一，它处于交流系统与直流系统互相变换的核心位置，换流变压器与换流阀一起实现交流系统与直流系统之间的相互转换。换流变压器是换流站中最昂贵、最复杂、最重要的变电设施之一。

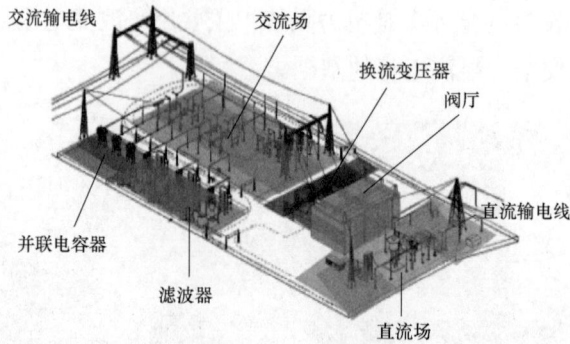

图 2-2　换流站布置图

换流变压器（如图 2-3、图 2-4 所示）主要由铁芯、绕组、油箱和绝缘

图 2-3　换流变压器

套管等部分组成。铁芯构成了磁路，线圈套在铁芯上。线圈由导线绕制而成，绕组是指与电源（或负载）相接的线圈或线圈的组合，即绕组是由线圈所组成的。通常把铁芯和绕组合在一起称为变压器的器身，是变压器最基本的组成部分。变压器器身放置在油箱内，油箱起机械支撑、冷却散热和保护作用。油箱内充满了变压器油，变压器油既是冷却介质，同时也起绝缘作用。变压器在运行过程中，各种损耗最终转变为热量，热量传给变压器油，再传给油箱壁向外散出。变压器油箱上装有很多油管，在变压器内部，热油上升，再由油管往下流，增大了油箱壁的散热面积，增强了散热能力。

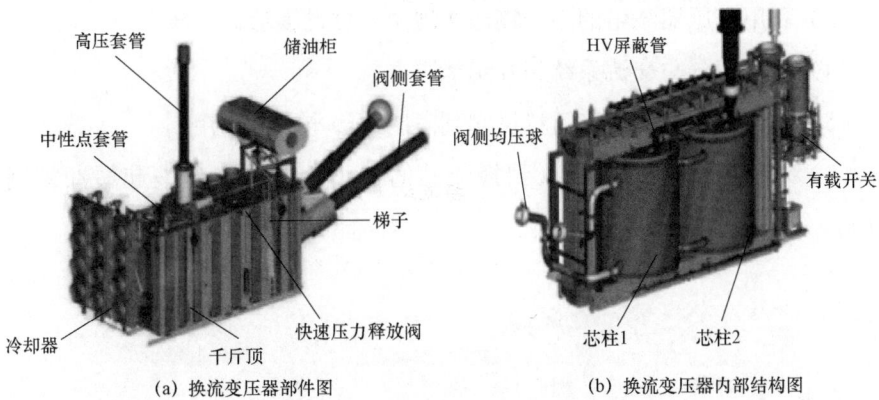

(a) 换流变压器部件图　　　　　　(b) 换流变压器内部结构图

图 2-4　换流变压器结构图

变压器主要是根据电磁感应原理进行工作的（如图 2-5 所示）。在闭合的

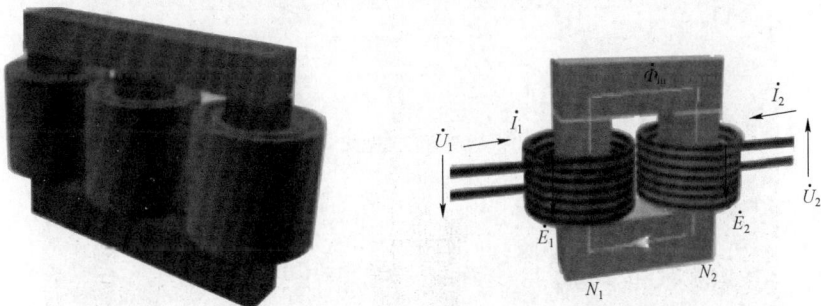

图 2-5　换流变压器原理图

铁芯上，绕有两个互相绝缘的绕组，其中，接入电源的一侧叫一次侧绕组，输出电能的一侧叫二次侧绕组。当交流电源电压加到一次侧绕组后，就有交流电流通过该绕组，在铁芯中产生交变磁通。这个交变磁通不仅穿过一次侧绕组，同时也穿过二次侧绕组，两个绕组中分别产生感应电动势 E_1 和 E_2。这时，如果二次侧绕组与外电路的负载接通，便有电流流入负载，即二次侧绕组有电能输出。

换流变压器（如图 2−6 所示）在直流输电系统中的主要作用有：

（1）传送电力。

（2）把交流系统电压变换到换流器所需的换相电压。

（3）利用变压器绕组的不同接法实现十二脉动换流。

（4）直流部分与交流系统相互绝缘隔离。

（5）换流变压器的短路阻抗可起到限制故障电流的作用。

（6）对沿着交流线路侵入到换流站的雷电冲击过电压波起缓冲抑制的作用。

图 2−6　换流变压器布置图

2.2 变压器抗震技术

2.2.1 变压器设备特点

如图 2-7、图 2-8 所示，变压器是指安装在箱型底座上、具有多根（或单根）竖直或斜向布置套管的设备，其典型运动模式类似于悬臂梁。变压器部件种类繁多，包括变压器箱体、升高座、套管、储油柜、散热器等外部件，同时内部布置有铁芯线圈等电气元件。变压器通常是多台变压器为一组共同工作，变压器与变压器或变压器与其他设备之间通过导线相连接，设备之间存在一定的相互作用。

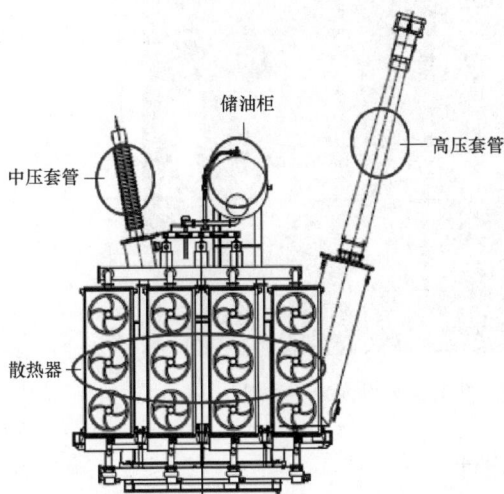

图 2-7 典型变压器结构图

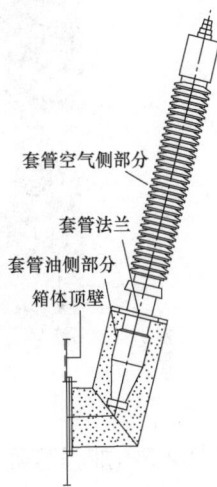

图 2-8 典型变压器套管结构图

在地震输入下，变压器的关键地震响应包括套管顶部位移、套管根部弯曲应力、箱体-套管连接处的应力与加速度。当变压器无法进行整体振动台试验时，宜对套管和法兰进行子结构试验。

变压器本体采用高强度螺栓或焊接的固定方式与基础连接。变压器箱体可采用定制摩擦摆支座，对于侧壁伸出类套管可采用环式加劲肋措施。导线与变压器设备间采取软导线连接。换流变压器阀侧套管与换流阀塔采用金具"柔性"

23

连接。仪器仪表采用螺栓或安装夹具固定。

2.2.2 变压器抗震设计

2.2.2.1 结构稳固设计

变压器外壳和支撑结构应设计坚固，加强法兰自身刚度和法兰加劲肋数量，以减小地震作用下的响应；对升高座－套管部分进行加固，限制升高座的地震响应，减小对上部套管的放大效应。图 2-9 为升高座加固方案示意图，通过加固升高座来实现结构稳固设计。

图 2-9　升高座加固方案示意图

2.2.2.2 加强基础和地基设计

对地基和基础进行加固设计，确保其在地震发生时能够稳固地支撑变压器的整体结构，减少地震对其影响；定期开展基础检测，及时补强。基础检测位置图如图 2-10 所示。

2.2.2.3 减隔震装置

对于难以改造或者不适用加固的变压器，可以采用减隔震技术提升变压器的抗震性能，如采用滑动摩擦摆隔震支座，可以有效降低结构的地震响应。图 2-11 为变压器－滑动摩擦摆体系，通过在变压器底部布置滑动摩擦摆实现变压器的减隔震。

图 2-10 基础检测图

图 2-11 变压器底部布置复摩擦摆支座

2.3　变压器抗震设施运维要求

2.3.1　日常巡维

2.3.1.1　变压器

（1）检查储油柜、套管是否存在明显倾斜、变位。

（2）检查油管路是否存在明显拉伸、挤压等受力情况，是否存在渗漏油。

（3）检查非电气量保护附件（储油柜、气体继电器、油流继电器、压力释放阀、油位表、温度计等）是否存在松动变形、渗漏油、漏气。

（4）检查箱体、升高座及套管、法兰、储油柜、散热器等是否出现松动、开裂情况。

（5）检查套管与法兰连接部位、法兰与升高座连接部位、箱体及基础连接部位等重要连接部位的焊缝是否存在裂痕。

（6）检查在线监测装置功能是否完好，各监测数据是否处于正常范围内。

变压器日常巡维图如图 2-12～图 2-14 所示。

图 2-12　变压器外观巡维检测

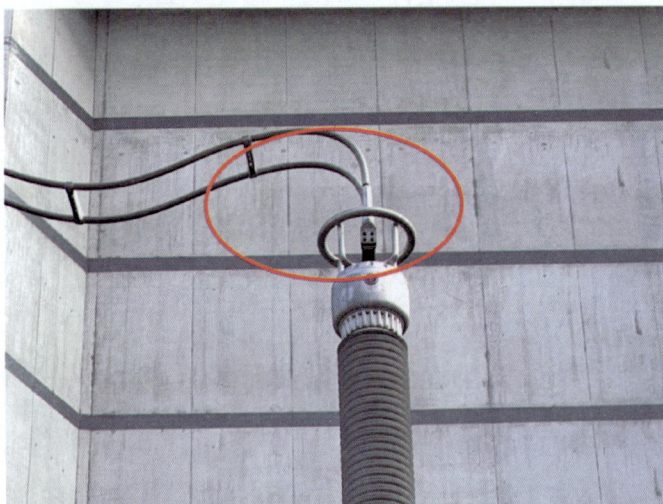

图 2-13 检测套管各连接处是否完好

图 2-14 检测各连接螺栓是否松动

2.3.1.2 变压器套管

（1）检查套管是否存在明显倾斜、变位。

（2）检查是否存在渗漏油，尤其注意套管与升高座连接处连接法兰是否有漏油现象。

（3）检查升高座及套管、法兰等是否出现松动、开裂情况。

（4）检查套管与法兰连接部位、法兰与升高座连接部位等重要连接部位的焊缝是否存在裂痕。

（5）检查在线监测装置功能是否完好。

变压器套管日常巡维图如图 2-15 所示。

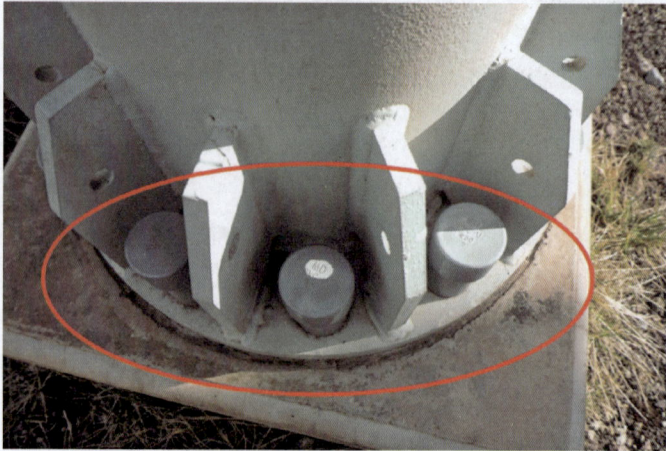

图 2-15　设备连接处巡维检测

2.3.2　专业巡维

2.3.2.1　箱体及部件检查

（1）检查充油、充水、充气设备是否存在漏油、漏水、漏气情况。

（2）检查设备及部件是否存在变形、屈曲。

2.3.2.2　数据分析

（1）对各仪器收集的数据进行汇总分析，如油色谱数值、使用期间温度变化记录等，分析其是否适宜继续使用，是否需要更换或保养。

（2）对于分析结果应以纸质和电子双份保存。

2.3.3　动态巡维

需结合不同的触发类型，展开不同的巡维类型。触发类别为Ⅰ级时，无须针对套管-箱体类设备开展维护；为Ⅱ级时，无须针对套管-箱体类设备开展维护；为Ⅲ级时，开展可见光观察巡视，对套管-箱体类设备开展日常巡视要求；为Ⅳ级时，需开展性能检测、检修试验，检查各检测仪器数据是否正常，在此基础上开展动力特性试验，采集基频等结构特征数据，并与上次停电维护记录数据对比，与之前有限元模拟的数据进行对比，检测其状态；为V级时，需开展停电维护，召集专业电气与结构人员对特定设备进行研究分析，确定是否适宜继续使用或进行相应的改造措施。

2.3.4 停电维护

（1）抽取10%阀侧套管、升高座及连接法兰进行无损探伤，检查是否有裂纹，如有裂纹需及时更换。

（2）动力特性试验检测，记录基频与响应时程，与上次停电检查数据进行对比，并以电子、纸质双份存档。

（3）检查与套管连接处的金具或螺栓是否正常，有无松动、脱落情况。

（4）检查套管顶端连接导线是否有明显的拉力变形处。

（5）检测隔震装置可滑移表面清洁度，简单测试其力学性能参数（如摩擦系数）是否维持可使用标准。

变压器日常巡维图如图2-16、图2-17所示。

图2-16 套管检测图

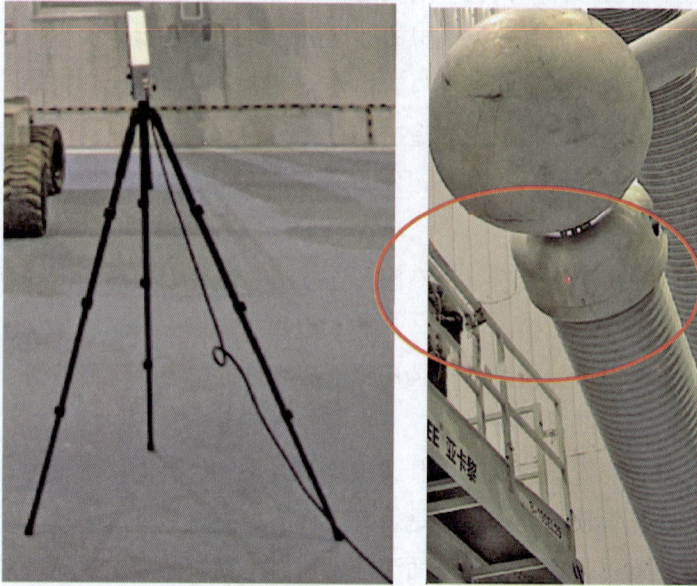

图 2-17 套管红外检测设备及测点图

2.4 变压器抗震设施检测方法

2.4.1 变压器抗震技术概述

现有的变压器抗震设施检测方法涵盖了结构稳定性、地基稳固性、设备固定、电气系统、传感器监测、模拟仿真、现场振动测试和历史数据分析等多个方面。综合运用这些方法可以及时发现设备可能存在的问题，指导设备的抗震设计和维护，从而提高设备在地震中的稳定性和安全性。

2.4.2 检测要求及准备

在进行变压器抗震设施的检测前，需要明确检测的要求，以及做好相应的准备工作。检测要求包括对设备在地震发生时的安全性能进行评估，以及发现可能存在的问题和隐患，为设备的抗震设计和维护提供指导。准备工作则包括收集设备资料、准备必要设备及团队，并制定详细的检测计划。

（1）明确设备的地震等级和频率范围，并确定检测的范围和重点。这可以通过收集设备的设计参数和要求（如地震等级的设计要求和设备的地理位置）来实现。

（2）收集设备资料包括获取设备的设计图纸、技术资料，以及历史维护记录，有助于检测团队全面了解设备的结构和运行情况。

（3）准备必要设备（传感器、测量仪器等），以及确保设备操作的安全性和准确性。

（4）组织检测团队包括结构工程师、电气工程师、地质工程师等专业人员，共同协作完成设备的全面评估。

（5）制定详细的检测计划，确定检测的流程、方法和时间安排，以确保检测工作的有序进行。

在检测要求和准备工作的基础上，执行检测工作，即视觉检查、非破坏性检测、地质勘察、地基探测、螺栓紧固检查、电气连接检查、传感器监测等。全面评估设备在地震发生时的安全性能，并及时发现可能存在的问题和隐患，为设备的改进和维护提供科学依据。

2.4.3　检测类别

2.4.3.1　结构稳定性检测

（1）视觉检查：在视觉检查中，需要仔细观察变压器设施的各个部位，包括墙壁、柱子、横梁等结构件，以及连接部位是否存在明显的裂缝、变形或腐蚀迹象。这些问题可能是地震或长期使用造成的，需要及时修复，以确保结构的稳定性，如图 2−18 所示。

（2）非破坏性检测：通过超声波、X 射线等技术进行非破坏性检测，可以深入到结构内部检测裂缝、缺陷，以及材料的强度和密度情况等。这些数据可以帮助评估结构的健康状况，并制定相应的维护计划。

2.4.3.2　地基稳固性检测

（1）地质勘察：地质勘察可以通过钻孔、采样等方式获取地下土层的情况，包括土质、密实度、含水量等参数。这些数据对于评估地基的承载能力和稳定性至关重要，有助于确定是否需要加固地基或采取其他措施来提高地基的稳固性。

图 2-18　结构稳定性检查

（2）地基探测：地基探测可以利用地基勘测仪器，进行地下土层的勘测和分析，包括地基的密实度、含水量等参数。通过这些数据，可以更准确地评估地基的稳固性，并采取相应的措施进行加固。

2.4.3.3　设备固定检测

（1）螺栓紧固检查：定期检查变压器设备固定螺栓的紧固情况，确保其没有松动或腐蚀。松动的螺栓可能导致设备在地震中移位或倾斜，严重时甚至会脱落，因此需要及时紧固或更换。

（2）基础固定：检查变压器设备是否牢固地安装在基础上，如图 2-19 所示，包括基础的混凝土浇筑质量、固定螺栓的牢固程度等。在地震中，地基固定不牢固可能导致设备的移位或倾斜，因此需要确保基础固定牢固。

2.4.3.4　电气系统检测

（1）绝缘检查：定期检查变压器设备的绝缘情况，包括绝缘子、绝缘涂层等。地震可能导致设备发生振动和位移，如果绝缘不良可能会导致绝缘击穿或漏电，因此需要确保绝缘完好。

（2）电气连接检查：检查变压器设备的电缆连接是否牢固、接头是否接触良好，避免在地震中断裂或松动导致电气故障。

图 2-19　基础固定检查

2.4.3.5　传感器监测

（1）加速度传感器：加速度传感器安装在变压器设备上，可以实时监测地震时的加速度变化，以评估设备受到的地震力；或是在锤击实验中采集数据，如图 2-20、图 2-21 所示。通过图 2-21 记录的数据，经过专业软件处理可以得到如图 2-22 所示的设备频谱图，检测设备的固有频率等自身属性信息，这些数据可以用来调整设备的抗震设计或提前采取措施，以减轻地震带来的影响。

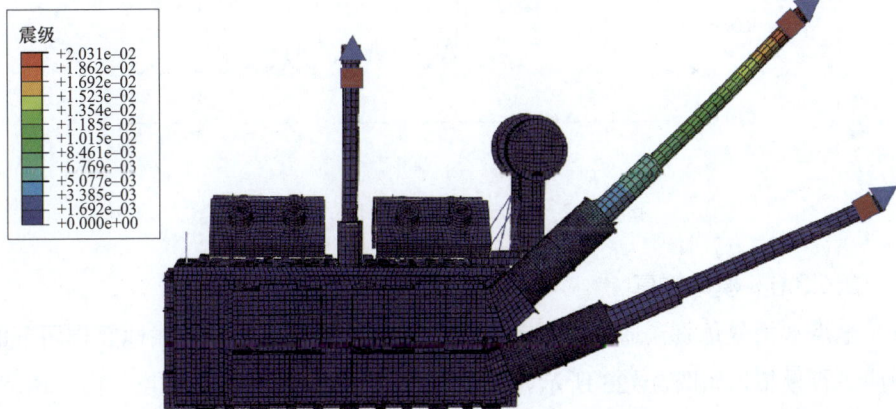

图 2-20　锤击试验示意图（三角形处为锤击点，正方形处为加速度计布置点）

（2）位移传感器：位移传感器用于监测地震时设备的位移情况，及时发现设备的移位或倾斜情况，以采取相应的措施保护设备的稳定性。同时根据所采集到的信息可以形成历史设备信息库，在系统运行一段时间后，重新比较两者之间的数据差异，可以多维度评价设备的健康状态，为后续的使用维护提供参考方法。

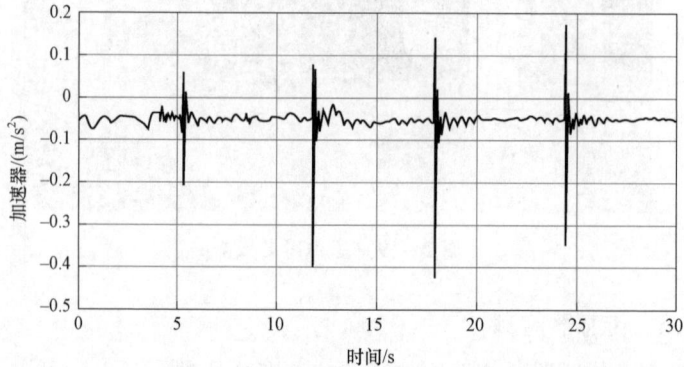

图 2-21 换流变压器网侧套管试验加速度时程图

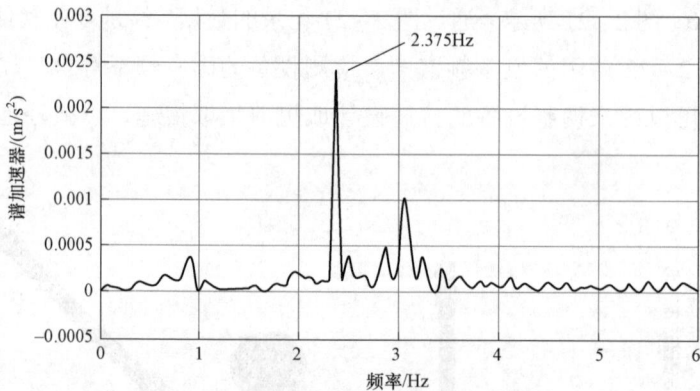

图 2-22 换流变压器网侧套管频谱图

2.4.3.6 模拟仿真

地震动力学仿真：通过地震动力学仿真软件对变压器设备在地震作用下的响应进行模拟，如图 2-23 所示。对于不同的结构，应从模拟难度、模拟精度、材料属性、结构界面属性等各个方面考虑，采用最合适的模拟单元、连接方式及计算方法对设备在不同地震作用下的响应进行模拟，并着重观察应力响应、位移响应、加速度响应等，并比较其是否满足材料极限强度、规范要求，并且通过场分析可以精确找到设备的薄弱位置，从而评估设备的抗震性能，并优化设备的设计和安装方案。通过仿真结果指导后续的抗震设计和维护工作，详细可分为以下 6 点。

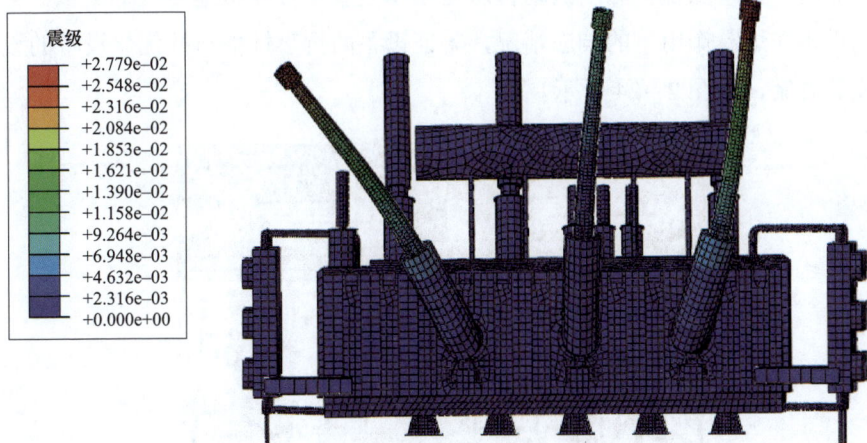

图 2-23 有限元仿真振型示意图

（1）模拟难度和精度：根据设备的特点和地震情况，选择合适的仿真软件和模拟方法，确保仿真结果的准确性和可靠性。

（2）材料属性和界面属性：对设备的材料属性和结构界面属性进行准确的描述，包括材料的力学性质、界面的摩擦特性等，以保证仿真结果的真实性。

（3）模拟单元和连接方式：根据设备的结构特点，选择合适的模拟单元和连接方式，确保仿真结果能够准确反映设备的响应情况。

（4）计算方法：选择合适的计算方法对设备在地震作用下的响应进行模拟，包括有限元法、边界元法等，以确保仿真结果的准确性和高效性。

（5）响应观察和评估：关注设备在地震作用下的应力响应、位移响应和加速度响应等关键参数，与材料的极限强度和规范要求进行比较，评估设备的抗震性能。

（6）场分析：通过场分析可以精确找到设备的薄弱位置，进一步评估设备的抗震性能，并优化设计和安装方案。

通过以上步骤,地震下的动力学仿真可以为变压器设备的抗震设计和维护提供可靠的指导和支持,确保设备在设防范围内震级的地震作用下安全运行。

2.4.3.7 振动台振动测试

振动台振动测试:利用振动台对变压器设备进行模拟地震振动测试,可以评估设备在地震作用下的响应情况,验证设备的抗震性能,并优化设备的设计和安装方案,如图2-24所示。

图2-24 振动台振动测试实拍图

因为振动台可以模拟地震时的地面振动,通过将变压器设备放置在振动台上进行测试,可以模拟地震时设备所受的力和振动情况,从而评估设备在地震作用下的响应,评估其在振动环境下的结构稳定性和受力情况;同时通过振动台振动测试可以发现变压器可能存在的结构缺陷或材料问题,如焊接处的裂纹、材料疲劳等,及时进行修复或更换,或者进而针对性地进行改进和加固,提升设备的抗震性能，提高设备的可靠性和安全性；并且振动台试验可以验证其抗震设计的有效性，通过一组对照试验，从加固组及对照组的响应数据可以明显看出加固方案是否有效，检验设备是否符合设计要求，提供实验数据支持抗震设计的改进和优化；通过振动台振动测试可以确定变压器在不同频率和振幅下的振动响应特性，为进一步的抗震设计和分析提供基础数据；通过振动台振动测试，还可以对地震动力学仿真结果进行验证，验证仿真模型的准确性和可靠性，从而提高抗震设计的效率与精度。

故振动台振动测试对变压器的抗震性能评估和优化具有重要意义，可以提供实验数据和验证结果，为抗震设计和维护提供可靠的技术支持。

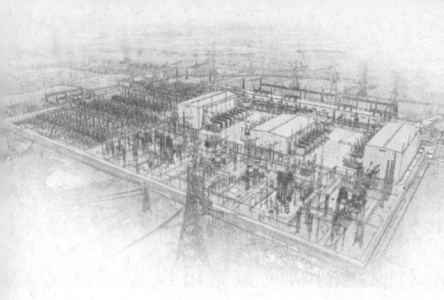

3 换流阀及阀冷

3.1 换流阀及阀冷的功能及原理

3.1.1 换流阀的功能及原理

高压直流输电系统，就是将送端系统的高压交流电，经过换流变压器，由换流阀将高压交流转换成高压直流，用直流输电线路输送到另外一端换流站，再由换流阀将高压直流转换成高压交流，然后经过换流变压器与受端交流电网相连。换流阀通过导通和关断依次将三相交流电连接到直流端，实现交流变直流（整流）或直流变交流（逆变）的功能。换流阀采用先进的晶闸管技术，通过精密的控制系统监测电力系统状态，可在毫秒级别内实现电流的反向切换，以适应电网的需求变化。其阀厅结构包含高度可靠的防护系统，确保设备在各种条件下稳定运行。

换流阀是高压直流输电系统最核心的部分。如图 3-1 所示，换流阀塔电气部分主要包括晶闸管组件、电抗器组件、屏蔽罩、悬吊支撑结构、阀避雷器等设备。水回路包括聚偏二氟乙烯（PVDF）水管、S 形水管、分支水管等设备。通过 PVDF 冷却水管、连接母线、光缆等，实现与冷却系统、直流输电系统、其他一次设备，以及二次控制系统的连接。

根据结构不同，换流阀可分为悬吊式和支撑式两种结构，均为多层阀单元的布置，阀层内设有多个晶闸管单元，如图 3-2 所示。

3.1.2 阀冷系统的功能及原理

阀冷系统（如图 3-3 所示）是电力系统中用于冷却高压换流阀的关键设备。高压直流输电系统中，换流阀在运行过程中会产生大量的热量，为确保设备稳定运行，阀冷系统被设计用于有效地冷却和散热。该系统通常包括散热器、冷却通道、冷却介质循环系统等组件，通过循环冷却介质来吸收和带走换流阀产生的热量。阀冷系统的稳定运行，对于保障特高压换流阀在长时间运行中不过热、维持系统温度在安全范围内起着至关重要的作用。通过精心设计和运维，阀冷系统有效地确保了特高压直流输电系统的可靠性和稳定性。

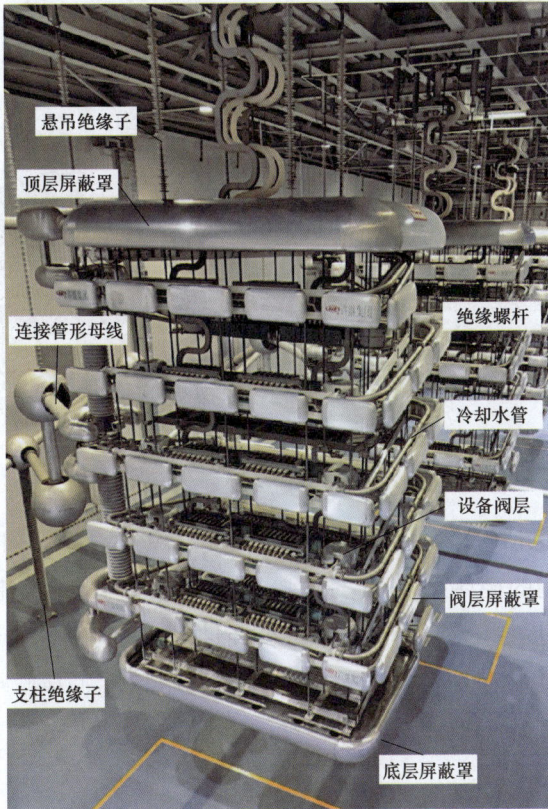

图 3-1 换流阀塔

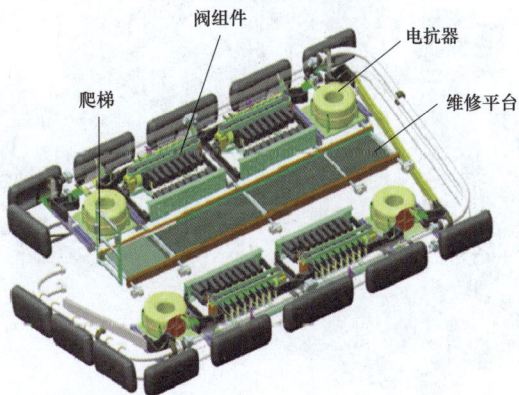

图 3-2 阀层的典型布局

图 3-3　阀冷系统

　　阀冷却系统包括内冷系统和外冷系统两部分。内冷系统（如图 3-4、图 3-5 所示）是一个密闭的循环系统，它通过冷却介质的流动带走换流阀产生的热量，其冷却介质采用去离子水。其中一小部分经过水处理回路，在这个回路中冷却介质被持续进行去离子和过滤。内水冷系统主要包含主循环回路、去离子回路、氮气稳压回路、补水回路。

图 3-4　内冷主机（包含主循环回路）

图 3-5　内冷辅机（包含去离子回路、氮气稳压回路、补水回路）

　　外冷系统根据冷却方式的不同分为水冷和风冷两种形式。外冷水系统是一个开放式的水循环系统，使用经过软化处理的水通过冷却塔持续对内水冷系统管道进行冷却，降低内水冷温度。外冷水系统主要包含冷却塔、喷淋系统、外冷水池、喷淋水补水系统、喷淋水自循环水处理回路、喷淋水加药系统及排污系统，如图 3-6 所示。

图 3-6　水冷设计路线的阀外冷系统

　　部分换流站受所在地区的环境影响，采用风冷系统，使用空冷器对内水冷管道进行冷却。风冷系统主要保护空气冷却器、电加热器、管路及阀门，如图 3-7 所示。

图 3-7　空气冷却器设计路线的阀外冷系统

3.2　换流阀及阀冷抗震技术

3.2.1 换流阀的抗震技术

3.2.1.1　换流阀的结构特点

换流阀分为悬吊式和支撑式两种结构，均为多层阀单元的布置，阀层内设有多个晶闸管单元。

其中悬吊式换流阀（如图 3-8 所示）悬吊于高端换流阀厅的钢结构屋架上，各榀钢屋架之间由纵向钢梁连接，换流阀的吊点即位于纵向钢梁上。设备顶层和底层为屏蔽罩，中间层为设备阀层。各层之间由玻璃钢绝缘子铰接连接，各层可在平面内水平移动，以此减小受到的地震作用。设备阀层内布设有多个晶闸管，对称排列在阀层内部。换流阀塔侧面布置有避雷器，由较细的绝缘子与阀塔相连，避雷器顶部也用玻璃钢绝缘子与钢屋架连接。换流阀塔底部使用软连接方式与阀厅内其他设备连接，在结构上，换流阀塔属于悬吊设备且底端自由。换流阀通过软连接与穿墙套管相连，穿墙套管穿过钢筋混凝土框架与阀厅墙外的换流变压器相连。在强震作用下，换流阀容易造成较大的水平位移、空气击穿电气元件损坏，以及软连接失效等破坏，同时在较强的竖向地震作用下，悬吊节点也可能发生破坏。

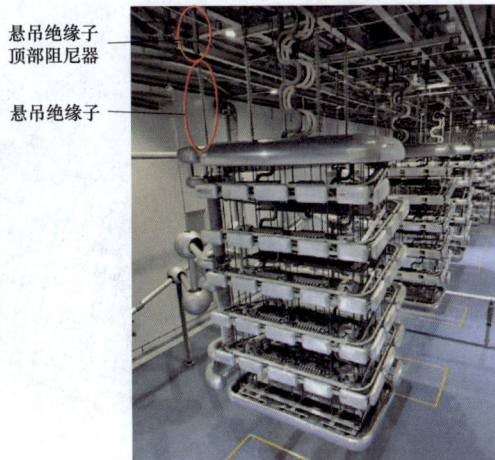

悬吊绝缘子
顶部阻尼器

悬吊绝缘子

图 3-8　悬吊式换流阀

支撑式换流阀（如图 3-9 所示）包括多层阀段、多段支柱绝缘子结构，多段支柱绝缘子结构支撑固定多层阀段，每层阀段由若干阀段组成，所述阀段包括框架、功率模块，功率模块固定在框架内，框架由 3 组以上支撑部组成，每组支撑部由立柱、斜拉支撑、横向支撑梁、纵向支撑梁组成，立柱间横向由上下两根横向支撑梁固定，上下两根横向支撑梁之间通过纵向支撑梁支撑固定，纵向支撑梁与立柱之间固定有斜拉支撑。换流阀顶部通过软连接方式与其他设备相连，换流阀一侧通过软连接与穿墙套管相连，穿墙套管穿过钢筋混凝土框架与阀厅墙外的换流变压器相连。在强震作用下，将导致支撑结构发生不可逆的破裂和根部断裂等损坏。在地震输入下，悬吊式换流阀的关键响应为支柱绝缘子根部应力，以及阀塔顶部位移。

图 3-9　支撑式换流阀

3.2.1.2　换流阀的抗震设计

针对悬吊式换流阀和支柱式换流阀的结构特点，可以采取以下抗震设计措施。

（1）悬吊式换流阀。为了限制悬吊式换流阀底部位移，在阀塔底部设置减震装置（如图 3-10 所示），限制底部位移。可以在底部张拉玻璃钢绝缘子，将阀塔底部与地面连接起来，并且保证最底部的张拉绝缘子保持拉力状态。采用此措施后，可以有效减小底部位移，且保持了绝缘子一直为拉力状态，防止阀层发生剧烈的竖向振动。底部张拉绝缘子采用斜向布置，还可以有效防止扭转。同时可以将换流阀塔底部与其他设备的软连接预留更多的裕度，此措施还为防止其他设备的位移过大而牵扯到换流阀塔。对于较强竖向地震，可以通过在悬吊绝缘子与阀厅顶部之间增设阻尼器（如图 3-11 所示）提高换流阀竖向抗震性能；还可增强节点，给节点施加二次保护措施。换流变压器阀侧套管与换流阀塔"柔性"连接金具（如图 3-12 所示），降低设备间的耦联效应。

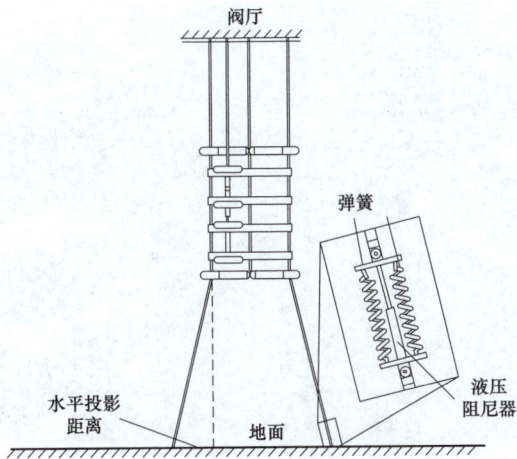

图 3－10　阀塔底部张拉式减震装置

图 3－11　悬吊绝缘子阻尼器

图 3-12　z 形管形母线"柔性"连接金具

（2）支撑式换流阀。设备的支撑结构是抗震设计的关键组成部分，如图 3-13 所示。优化支架、支撑柱和底座等支撑元件的设计，增强了支撑

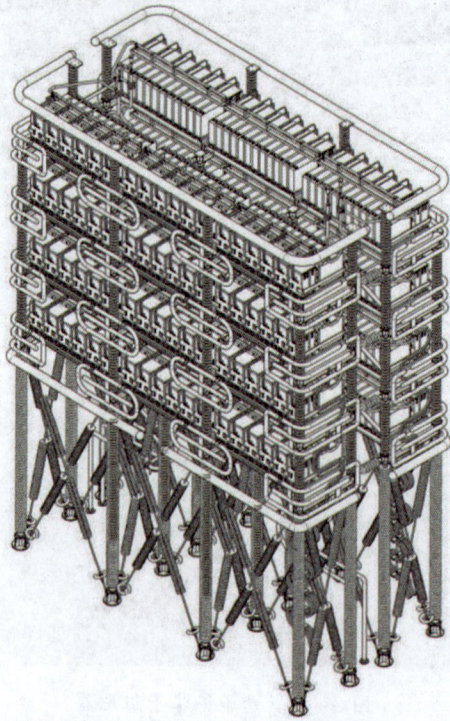

图 3-13　支撑式换流阀典型抗震设计

结构的抗震性能，这些支撑结构的强度和稳定性是确保设备在地震中不发生倾覆或破坏的基础。

强震作用下换流阀中电气元件之间的电连接可能脱落，需要采取合适的加固措施。支撑式换流阀可在底部增设减隔震装置，安装金属减震器和环式调谐质量阻尼器等减震装置提高了包括支撑式换流阀在内的特高压支柱类设备的抗震性能。换流变压器阀侧套管与换流阀塔"柔性"连接金具，降低设备间的耦联效应。

3.2.2 阀冷系统的抗震技术

3.2.2.1 阀冷系统的结构特点

阀冷系统主要由支撑结构、冷却通道、散热器和相关的连接件组成。阀冷系统的支撑结构包括支架、支撑柱和底座等，以支持冷却系统的重量，并维持其在设备上的稳定位置。这些支撑元件需要具备足够的强度和稳定性。阀冷系统内部通常设计有专门的冷却通道，确保冷却介质能够有效地流经这些关键部位，以吸收和带走产生的热量。散热器是阀冷系统中的一个重要组成部分，其结构设计需要考虑散热效果。通常，散热器采用大表面积的结构，以增强热量的散发。在水冷却系统中，散热器通常包括散热片或散热管等设备。阀冷系统内的连接件和管道需要具备良好的耐腐蚀性和机械强度，以确保冷却介质能够顺畅流动，并保持系统的密封性。合理的管道布局和连接设计有助于维持系统的稳定运行。阀冷系统内部的关键组件，如散热器、冷却通道、冷却器等，需要采取适当的固定措施，防止在地震中发生位移、倾斜或摇晃。

3.2.2.2 阀冷系统的抗震设计

为了防止阀冷系统的冷却水管等设备之间的连接处在地震作用下可能发生倾斜脱落等现象，在机械连接部件中采用柔性连接件，降低设备间的耦联效应，如图 3-14 所示。

对于强震区的阀冷系统可以采用隔震技术，通过在支撑系统中加入隔震装置，降低地震振动传递到设备上的影响。这有助于降低地震引起的振动传递到冷却系统中的可能性。

图 3-14   阀冷系统典型抗震设计

3.3   换流阀及阀冷设施运维要求

3.3.1   换流阀的抗震运维

3.3.1.1   日常巡维

（1）目视检查换流阀塔整体（如图 3-15 所示）是否出现倾斜变位。

（2）目视检查阀塔构件连接是否正常，有无倾斜、脱落。

（3）目视检查阀厅顶部悬吊绝缘子（如图 3-16 所示）是否出现变形。

（4）目视检查阀塔内部组件（如图 3-17 所示）是否有结构性损坏。

（5）目视检查阀塔 S 形、平层、分支等水管连接（如图 3-18 所示）是否正常，有无脱落、漏水。

（6）目视检查阀避雷器（如图 3-19 所示）是否正常，有无倾斜、脱落。

图 3-15 换流阀塔整体

图 3-16 悬吊绝缘子

图 3-17　阀塔内部组件

（a）阀塔 S 形水管连接法兰

（b）阀塔层间主水管连接处

图 3-18　阀冷水管连接

图 3-19　阀避雷器

（7）目视检查电气接线（如图 3-20 所示）是否正常，有无倾斜、脱落。

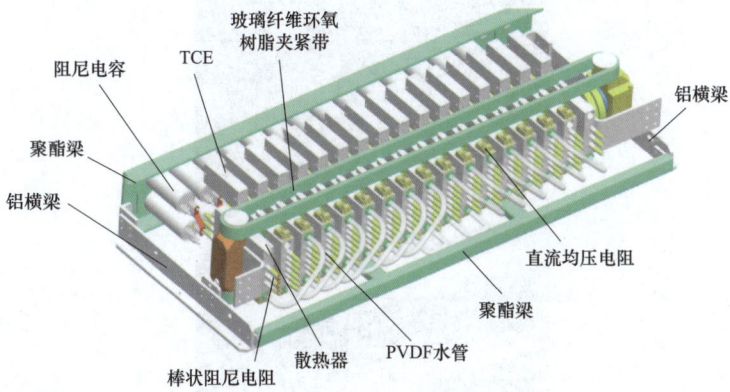

图 3-20 电气接线

（8）目视检查光纤回路（如图 3-21 所示）是否正常，有无倾斜、脱落。

图 3-21 光纤回路照片

（9）目视检查悬吊绝缘子顶部阻尼器（如图 3-22 所示）外观是否完好。

图 3-22　悬吊绝缘子顶部阻尼器

（10）目视检查耦联管形母线连接金具（如图 3-23 所示）是否移位、损坏。

图 3-23　耦联管形母线连接金具

3.3.1.2　专业巡维

（1）悬吊系统陶瓷绝缘子每 4 年，抽取顶部两层的 25% 进行超声波检测，若检测中发现裂纹，则需对同型号全部陶瓷绝缘子进行超声波检测；强震后也需对顶部两层全部悬吊陶瓷绝缘子进行超声波检测，存在缺陷的绝缘子须进行更换。层间连接如图 3-24 所示。

图 3-24　层间连接

（2）检查阀塔内部组件（如图 3-25 所示）是否有脏污、损坏和腐蚀，并进行清洁。

图 3-25　阀塔内部组件

3.3.1.3　动态巡维

需结合不同的触发类型，展开不同的巡维类型。触发类别为Ⅰ级时，无须展开巡维；为Ⅱ级时，无须展开巡维；为Ⅲ级时，需展开日常巡检；为Ⅳ级时，需展开性能检测、停电维护、检修试验；为Ⅴ级时，需展开性能检测、停电维护、检修试验。

3.3.1.4　停电维护

（1）整体变形检测：如图 3-26 所示，使用全站仪对阀塔进行变位倾斜检测，分别在阀塔顶层和底层选择目标点位，校核阀塔整体水平程度；用水平尺检测阀层各方向的水平度是否正常，对于水平度存在异常的情况须查明原因，更换缺陷元件，并排查消除同类隐患。

图 3-26　阀塔全站仪变位倾斜检测

（2）局部变形检测：如图 3-27 所示，测量各悬吊绝缘子顶部阻尼器伸长量，检查阻尼器是否受力不均。

（3）薄弱位置检测：使用探伤仪器对悬吊绝缘子（如图 3-28 所示）进行探伤，检查是否出现裂纹损伤；检查与阀塔耦联的管形母线连接金具（如图 3-29 所示）是否出现牵拉破坏。

（4）检查接线：检查电气组件连接及回路连接是否松动。

图 3-27　悬吊绝缘子顶部阻尼器

图 3-28 悬吊绝缘子

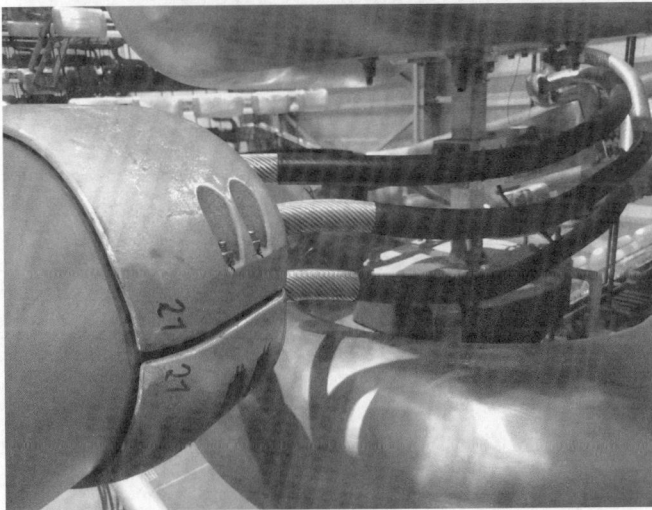

图 3-29 管形母线连接金具

3.3.2 阀冷系统的抗震运维

3.3.2.1 日常运维

（1）检查阀冷设施整体是否出现倾斜变位，如图3-30～图3-32所示。

图3-30 内冷系统

图3-31 外冷系统（空气冷却器）

图3-32 外冷系统（冷却塔）

（2）检查阀冷设施构件是否连接正常，有无倾斜、脱落。阀冷系统连接处如图 3－33 所示。

图 3－33　阀冷系统连接处

（3）巡视阀冷内冷水回路，检查主泵（如图 3－34 所示）、管道法兰（如图 3－35 所示）等是否存在渗漏水。

图 3－34　主泵

图 3-35 管道法兰

（4）巡视喷淋泵坑，观察泵坑设备（如图 3-36 所示）有无渗漏水。

图 3-36 泵坑设备

（5）如图 3-37 所示，检查管道、阀门和连接处有无泄漏现象，水泵运行有无异响、发热现象。

图 3-37　管道、阀门

3.3.2.2　专业运维

（1）用全站仪或者水准仪测量阀冷设施是否存在明显的倾斜、变形。

（2）检查电动机和水泵各密封面有无渗漏水或渗漏油现象，如图 3-38 所示。

图 3-38　电动机、水泵

3.3.2.3 动态运维

需结合不同的触发类型，展开不同的巡维类型。触发类别为Ⅰ级时，无须展开巡维；为Ⅱ级时，需展开性能检测、停电维护；为Ⅲ级时，需展开性能检测、停电维护、检修试验；为Ⅳ级时，需展开性能检测、停电维护、检修试验；为Ⅴ级时，需展开性能检测、停电维护、检修试验。

3.3.2.4 停电运维

（1）对阀冷机组、冷却管道应力、位移情况进行应力实验测量检查。

（2）检查电动机和水泵各密封面有无渗漏水或渗漏油现象。

（3）检查动力电缆终端压接情况、与设备的连接情况是否良好。

3.4 换流阀及阀冷设施检测方法

3.4.1 概述

换流阀及阀冷设施检测是为了评估换流阀和阀冷设施在地震发生后是否能够继续正常运行，并最小化地震对设备的损害。通过开展换流阀及阀冷设施抗震性能检测，有利于提高阀冷设施在地震等极端情况下的抗震性能，确保电力系统的稳定运行。通过及时发现和修复潜在问题，延长换流阀及阀冷设施的使用寿命，减少维护成本。此外，还可以为换流站的风险评估提供科学依据，降低事故发生的可能性，保障电力设备的安全性，防范地震等外部因素带来的损害。

为了实现上述目标，可对换流阀及阀冷设施采用多层次、多角度的检测方法，从动态特性到结构完整性进行全面检测和评估，主要包括以下内容：

（1）力学特性测试：通过锤击法基频测试，评估换流阀的结构特性和动力参数，为抗震支撑系统提供基础数据。

（2）结构仿真计算：应力分布仿真计算通过有限元模型，全面分析换流阀及阀冷设施在地震动输入下的应力分布和易损性曲线。

（3）变位检测：利用外部和内部变位检测方法，全方位评估换流阀及阀冷设施的位移变形情况，分析其对电气性能的潜在影响。

（4）缺陷检测：包括磁粉探伤、超声波检测等方法，通过不同角度和深度检测设备和支架表面，以及内部的缺陷情况。

（5）温度监测：通过红外检测，实时监测换流阀及阀冷设施的表面温度，识别异常热点，防范可能的安全隐患。

（6）液体渗透检测：通过渗透检测方法，识别设备及支架表面可能存在的微小裂纹或孔洞，保障套管的完整性。

（7）X光成像：通过X光成像，观察设备的内部结构，评估其完整性和可靠性。

3.4.2 检测要求及准备

3.4.2.1 检测要求

1. 试验环境条件要求

（1）环境温度：0～40℃。

（2）天气条件：宜晴天。

（3）相对湿度：不宜大于60%。测试现场周围空气中没有显著的灰尘、烟雾、腐蚀性气体、蒸汽、烟雾污染物和沙尘。

2. 检测设备性能要求

（1）力锤、激振锤用配件：选择适用于力锤和激振锤的配件，确保其与检测设备的配合性和稳定性，包括但不限于触发器、传感器等。

（2）渗透剂和显影剂：选择符合相关标准的渗透剂和显影剂，确保其对检测样品的渗透性检测具有高效性和准确性。

（3）磁粉和磁粉探伤设备：选择适用于穿墙套管的磁粉和磁粉探伤设备，确保其对检测样品的缺陷检测具有高灵敏度和可靠性。

（4）超声波探伤耦合剂：选择符合相关标准的超声波探伤耦合剂，确保其与检测设备的兼容性和稳定性。

（5）X射线防护用品：操作人员应佩戴符合国家标准的X射线防护用品，包括但不限于防护服、护目镜、手套等，以确保其人身安全。

3.4.2.2 检测准备

1. 换流阀及阀冷设施检查

（1）在进行检测前，对所有待检测设备进行详细的外观检查和尺寸测量，确保样品表面光滑，无裂纹、变形等缺陷，并符合相关标准和规范的要求。

（2）表面处理：根据不同检测方法的要求，对直流场设备的表面进行必要的处理，包括清洗、涂覆渗透剂、涂覆磁粉等，以确保检测的有效性和准确性。

（3）标记和标定：对待检测设备进行明确的标记，包括但不限于样品编号、材质、生产日期等信息。对检测设备进行合适的标定，确保测量结果的准确性。

2. 检测设备

（1）磁粉探伤。

（2）超声波检测：超声波检测仪。

（3）锤击法基频测试：力锤、动态采集仪、加速度传感器等。

（4）变位检测：标尺、游标卡尺、水平仪、全站仪等。

3. 设备检查及人员培训

（1）在进行检测前，应对所有检测设备进行仔细检查，确保其正常的工作状态。力锤、激振锤、红外热像仪、X射线设备等应经过定期校准和检验，确保其精度和灵敏度符合检测要求。

（2）检测人员培训：检测人员应接受相关培训，了解检测流程、设备操作、安全事项等内容，确保检测的科学性和安全性。同时，检测人员应持有相关资质证书，符合国家规定的从业资格要求。

3.4.3　检测类别

3.4.3.1　设备结构稳定性检测

电气设备结构稳定性检测是确保设备在运行过程中能够安全可靠运行的关键步骤之一。这种检测通常包括外观检测、变位检测、锈蚀检测等多个方面的考察。

（1）外观检测：通过外观检测，评估设备的整体外观状况，包括外壳、支架、连接件等。检查是否存在明显的损伤、裂缝、变形或异物积聚，以确保设备外部结构完整且符合设计要求。图3-39为换流阀悬吊点阻尼器外观检测示例。

图 3-39 换流阀悬吊点阻尼器外观检测

（2）变位检测：通过对设备各个部件的位置、角度进行检测，确保其在运行中没有发生异常的位移或变形。这可通过测量设备关键部位的变位，如测量阀塔、阻尼器、支架等的位置，来验证结构的稳定性。

（3）锈蚀检测：针对设备的金属部件，进行锈蚀检测是至关重要的。使用相关技术如超声波、磁粉检测等，检查设备的金属表面是否存在锈蚀，以保证设备的电气连接和结构完整性。

3.4.3.2 设备地基稳固检测

设备地基稳固检测是确保设备在其支撑基础上能够安全、稳定运行的关键步骤。这种检测通常涵盖多个方面，包括地基沉降检测、螺栓连接稳定性和基础连接板的水平度等。

（1）阀厅地基沉降检测：通过监测设备支撑基础的沉降情况，评估地基的稳定性。地基沉降可能是地下土壤的沉降或不均匀沉降引起的，因此对设备周围地基的沉降进行定期检测，有助于发现并解决潜在的不均匀沉降问题。

（2）螺栓连接稳定性：对设备上的螺栓连接进行检测，确保其紧固力和连接稳定性。定期检查螺栓是否存在松动、腐蚀或损坏，以及连接处是否存在异常振动，有助于保持螺栓连接的稳定性，减少因连接松动而引发的结构问题。

（3）基础连接板水平度：检测设备基础连接板的水平度，确保设备在运行时处于水平状态。不稳定的基础连接板可能导致设备振动、偏移或不均匀负载，影响设备的正常运行。水平度检测通常可以通过水平仪或激光水平仪等工具进行。

这些地基稳固检测方法共同确保设备在其支撑基础上具有足够的稳定性，能够在各种条件下保持安全运行。检测的频率和方法可能根据设备类型、地理条件和制造标准的要求而有所不同。

3.4.3.3　设备损伤检测

随着特高压输电结构越来越复杂，结构的动力特性也就显得越来越重要，一方面，通过对结构动力特性优化设计，使结构处于良好的工作状态，保证了结构的安全可靠性，延长了结构的使用周期，减少了对环境的干扰；另一方面，通过结构的动力特性可了解复杂结构的结构性能和技术性能，从而做出科学的技术评定。模态分析是结构动力特性分析的一种手段，通过分析工程结构的模态特性，可建立结构在动态激励条件下的响应，预测结构在实际工作状态下的工作行为及其对环境的影响。

动态数据的采集及频响函数或脉冲响应函数的分析主要包括以下内容：

（1）激励方法。试验模态分析是人为地对结构物施加一定动态激励，采集各点的振动响应信号及激振力信号，根据力及响应信号，用各种参数识别方法获取模态参数。激励方法不同，相应识别方法也不同。目前主要有单输入单输出、单输入多输出、多输入多输出三种方法。以输入力的信号特征还可分为正弦慢扫描、正弦快扫描、稳态随机（包括白噪声、宽带噪声或伪随机）、瞬态激励（包括随机脉冲激励）等。

（2）数据采集。方法要求同时高速采集输入与输出两个点的信号，用不断移动激励点位置或响应点位置的办法取得振型数据。方法要求大量通道数据的高速采集，因此要求大量的振动测量传感器或激振器，试验成本较高。

（3）时域或频域信号处理。例如谱分析、传递函数估计、脉冲响应测量、滤波及相关分析等。

检测案例：

选取力锤时应考虑被测设备自重以产生有效激励，同时应根据所关心的频率范围选择锤头材料，锤头越硬，所激发模态阶数越多，锤头越软，则有利于激发低频区间的模态，锤头材料的选取应当保证振动信号频响函数峰值附近的相干函数值至少大于 0.75，才能保证设备响应基本由力锤激励引起，对于复合材料设备可选用橡胶锤头。加速度传感器的考虑因素主要是频响范围和灵敏度，其频响范围应包括所关心的频率范围，同时灵敏度不宜过高，否则容易导致传感器内部信号调理部分受到饱和冲击，导致响应信号畸变失真。振动信号采集可选用传统加速度传感器或激光测振仪器，现场测试工作如图 3-40 所示，单次锤击试验加速度时程图如图 3-41 所示。

图 3-40　激光测振仪测量换流阀振动信号

响应信号与激励信号的传递函数反映了结构对信号的传递特性，传递函数会放大自振频率附近的幅值，峰值点对应频率值为结构与激励信号的共振频率，可通过半功率带宽衰减系数求出设备自振频率。通过传递函数幅频曲线可得到结构主要频谱特性，但曲线中也存在其他因素导致的频率成分，准确得到设备的模态频率还需采用模态参数识别方法进行识别。

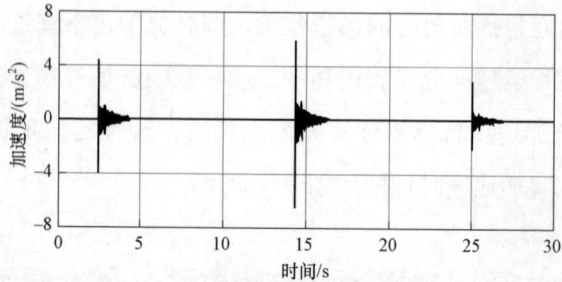

图 3-41　单次锤击试验加速度时程图

高端阀厅换流阀设备的传递函数幅频曲线如图 3-42 所示，可以看出，换流阀设备的结构自振基频很小，在 0.2Hz 以内，处于地震波的卓越频率范围内，阻尼比较小，地震作用下设备容易发生共振，地震作用下悬吊绝缘子的响应较大。

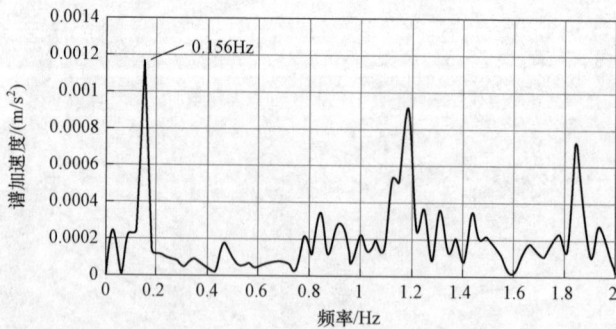

图 3-42　单次锤击试验频谱图

3.4.3.4　模拟仿真技术应用

有限元模型在电气设备损伤检测中的应用是一种有效的工程方法，可通过模拟和分析设备的结构响应，帮助识别潜在的损伤或结构问题。此外，使用现场检测的数据校准有限元模型，结合数据库系统进行全过程监测，可以进一步提高损伤检测的准确性和实用性。

通过建立电气设备的有限元模型，模拟设备在不同工作条件和外部负荷下的结构响应。通过对模型的分析，识别可能的损伤位置和程度，预测结构的稳定性，并提供改进设备结构的建议。有限元模型的应用可以在不破坏实际设备的情况下，辅助损伤检测和结构健康监测。利用实际现场检测获取的数据，如振动、应变、温度等，对有限元模型进行校准。通过比较模型预测结果与实测数据，调整模型参数以更准确地反映实际情况。这样的校准过程可以提高有限元模型的精确性，使其更符合实际设备的特性。建议建立一个专门的数据库系统，用于存储和管理电气设备的损伤检测数据、有限元模型及其校准数据等信息。数据库应包括设备的历史数据、现场监测数据、有限元模型文件、校准过程的记录等内容。这样的数据库系统可以支持数据的长期保存，跟踪设备状态的变化，并为进一步的分析和决策提供依据。实现全过程监测需要综合运用现场实测数据、有限元模型分析结果和数据库系统的信息。定期进行实测数据的采集，与有限元模型进行比对，实时更新数据库中的信息。通过对损伤状态的全过程监测，可以更及时地发现设备的潜在问题，采取预防性维护措施，延长设备的寿命并提高运行安全性。

检测案例：

典型换流阀塔有限元模型如图 3-43 所示，根据有限元建模结果，特高压换流阀厅整体的基本频率较低，为 0.163Hz，基本周期为 6.134s，属于典型的悬吊结构，主要的振型为换流阀的水平向摆动，悬吊式的结构类型使得换流阀厅整体结构基本频率较低。对于有限元和实际测试的结果可知，动力测试三次的平均值为 0.159Hz，相较于有限元的频率减少了 2%，主要原因是有限元模型中换流阀与管形母线的连接简化较多，约束作用相对丁实际结构略大，从而使得有限元模型的基频略高于实际结构。

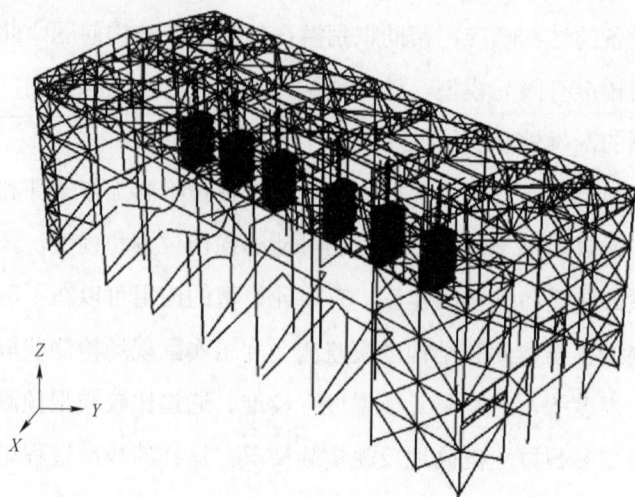

图 3-43　典型换流阀塔有限元模型图

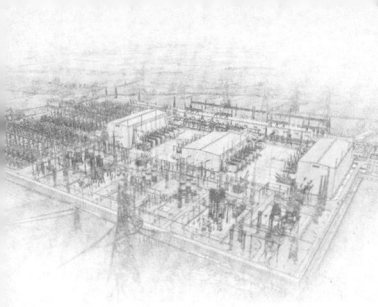

4 直流穿墙套管

4.1 直流穿墙套管的功能及原理

直流穿墙套管（如图4-1所示）用于导体或母线穿过建筑物或墙壁，隔离高压导体和与其电位不同的物体。特高压套管的基本结构是一个电极插入另一个不同电位的电极的中心。

图 4-1　直流穿墙套管

以 ABB 公司生产的套管为例，如图4-2所示，其内绝缘采用 SF_6 气体和绝缘纸作为绝缘介质，铝箔作为其极间介质，这样层间的绝缘纸上覆盖的薄铝箔层构成了一串同轴的圆柱形电容器，具有很高的电气强度，且电场分布更均匀，两端的复合绝缘子由玻璃纤维增强环氧树脂管和硅橡胶构成，还配合有应力锥、电极屏蔽、均压球等设计，用于改善电场和电位分布。外绝缘采用长短交替式硅橡胶制伞裙，以提高爬距和耐雨耐污秽性能。

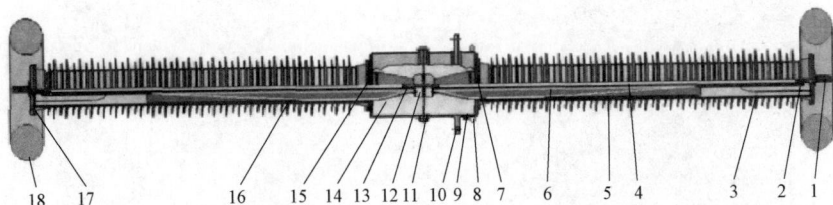

图 4-2　直流穿墙套管内部结构图

1—接线端子；2—连接件；3—内部均压电极；4—导流管；5—均压铝薄膜；6—主绝缘体；7—试验端子；
8—悬吊环；9—SF_6压力释放阀；10—接地端子；11—法兰腔；12—内部均压环；13—插入式导杆连接头；
14—SF_6充气腔；15—试验端子；16—复合绝缘子；17—绝缘子接线端密封金属盖板；18—均压环

如图 4-3 所示，特高压直流穿墙套管用于辅助阀厅内的直流母线穿过墙体，与安装在户外的直流极线相连接，其最高端运行电压高达 800kV，绝缘水平要求高。工程中采用与水平方向成 10° 倾斜角的安装方式，以改善套管耐淋雨性能，保证爬距。考虑到阀厅内的环境较为清洁干燥，爬距可以相对减小，所以直流穿墙套管的室内段会一般比室外段短一些。

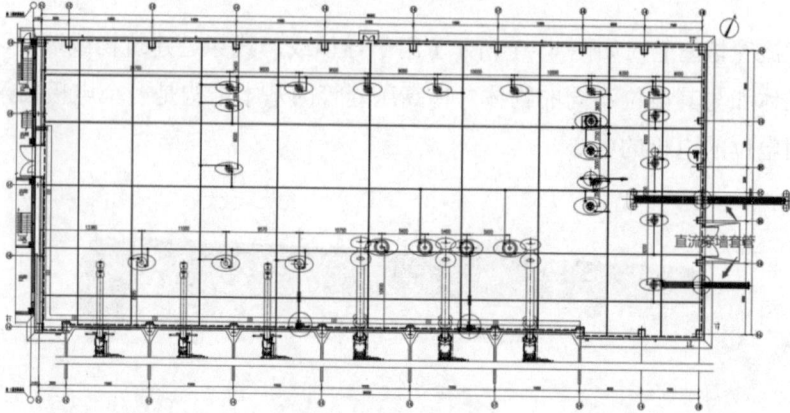

(a) 直流穿墙套管安装图

(b) 直流穿墙套管实物图

图 4-3 直流穿墙套管布置图

4.2 直流穿墙套管抗震技术

4.2.1 直流穿墙套管结构特点

直流穿墙套管安装于换流站阀厅侧墙，一侧连接阀厅内部换流阀，另一侧连接阀厅外侧直流场回路，将换流后的电流输送至直流场。直流穿墙套管分为室外套管和室内套管，内、外套管之间由金属套筒连接，套管内部芯体为胶浸纸单芯体，在套管两端设置有均压环，起到改善套管表面电压分布的作用。直流穿墙套管的金属法兰安装于阀厅墙体上，套管轴向与水平方向呈10°。特高压直流穿墙套管作为换流站直流场和阀厅的连接设备，在整个直流输电工程中处于"咽喉"位置，如图4-4所示。直流穿墙套管外部采用的复合材料是脆性材料，储能能力小，材料的强度低，加上设备结构形式细长，质量又较大，地震时直流穿墙套管根部承受较大的弯矩，使得瓷套管因强度不足而断裂。

(a) 直流穿墙套管安装正视图　　　　(b) 直流穿墙套管安装侧视图

图4-4　直流穿墙套管安装图

直流穿墙套管的自振频率和地面运动的卓越频率接近，极易在地震中引起共振，而且阻尼较小，一旦共振动力放大系数较大，损坏更加严重。直流穿墙套管的终端通过母线与其他设备相互连接，地震中，由于母线连接两侧设备不同的结构特性，如果设备间的连接柔度不够，强震作用下两侧设备由于母线的牵拉会产生强烈的相互作用，母线对设备的牵引力很可能会造成设备的破坏。

综上所述，特高压直流穿墙套管在抗震性能有以下薄弱点：由直流穿墙套管自身的结构特点可知，其内、外套管长度大，且为悬挑结构。设备基频为 $1\sim10Hz$，地震过程中易发生类共振现象；由于设备较重，重力在套管根部产生的应力较大。在地震作用下，在根部法兰胶装位置产生的根部弯矩较大，对胶装破坏的可能性较大，且在根部复合材料中易出现开裂现象。直流穿墙套管在端部通过导线与其他设备相连。在地震作用下，当直流穿墙套管发生较大位移时，带动导线发生位移，易对其他设备造成拉扯，造成其他设备的拉断。

4.2.2　直流穿墙套管抗震设计

1. 结构稳固设计

直流穿墙套管外壳和支撑结构应设计坚固，加强法兰自身刚度，以减小地震作用下的响应。例如，通过增加构件加固法、增加截面加固法等，当原结构的结构体系明显不合理时，假如条件允许的情况下，可以通过改变结构体系来保护局部部件不受损坏。利用在原结构构件以外增加构件，有效提升结构抗震承载力。不同类型的构件可以根据不同结构选择，常见的有增加支撑加固法、增加柱体加固法和增加拉杆加固法。使用这种方法时，一定要考虑附加构件对结构整体计算和抗震性能的影响。增加截面法是利用与原结构同样的材料，通过焊接、螺栓固定等方式增加构件截面积，进而提升构件特性的加固方法。它不但可以提高被加固构件的承载力和截面刚度，也可以通过处理抗震区来提高构件的延性，如图 4-5 所示。

2. 加强基础和地基设计

对地基和基础进行加固设计，确保其在地震发生时能够稳固地支撑直流穿墙套管的整体结构，减少地震对其影响。

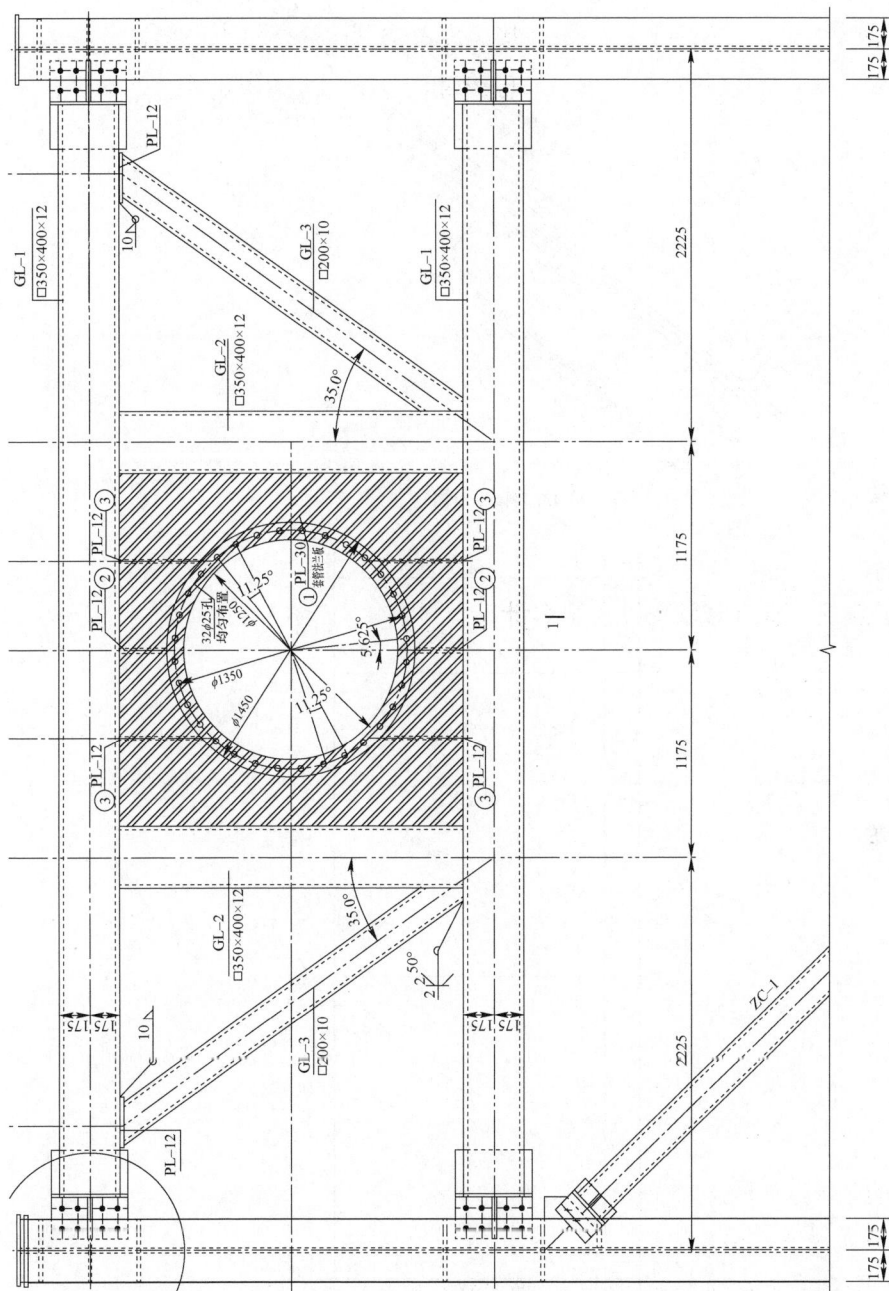

(a) 800kV套管支架正视图详图 (1:20)

图 4-5 直流穿墙套管结构稳固设计（一）

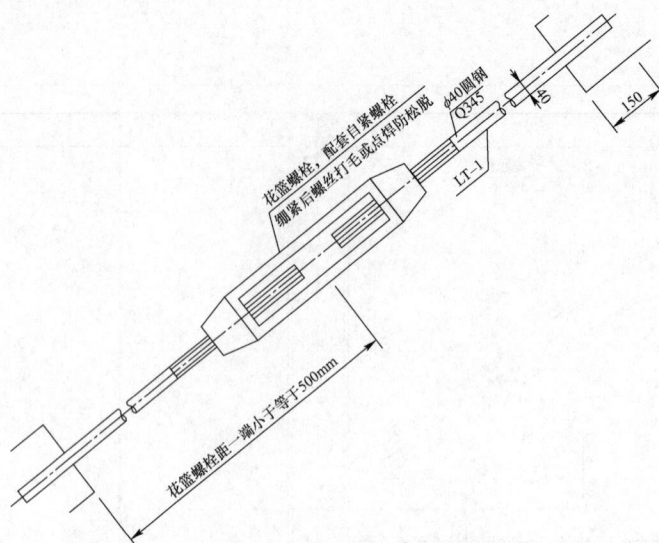

(b) LT-1典型大样图

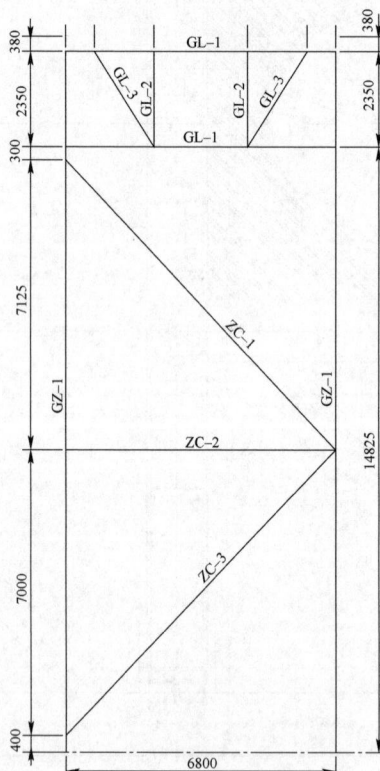

(c) 800kV套管支架正视单线图

图 4-5　直流穿墙套管结构稳固设计（二）

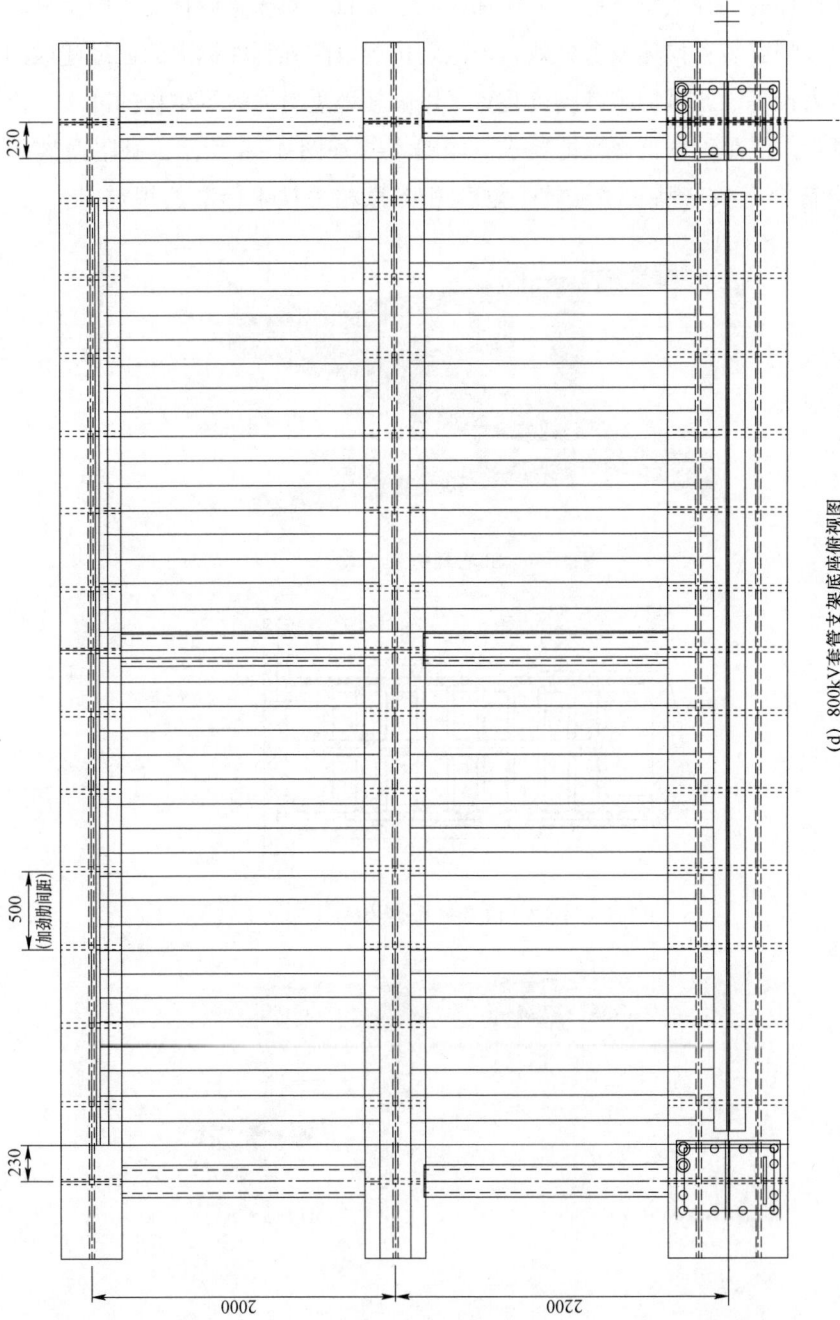

(d) 800kV套管支架底座俯视图

图 4-5 直流穿墙套管套管结构稳固设计（三）

230

2000

2200

230

500
（加劲肋间距）

3. 减隔震装置

更换损坏的部件或整体更换、增加减隔震装置，对未采取抗震设防措施、在地震中减隔震装置损坏或者失效、未达到抗震设防强制性标准的已经建成的换流站电力设备，通过加装减隔震装置，以减轻地震对滤波器结构的冲击，降低损坏风险，满足设备抗震性能要求，如图 4-6～图 4-8 所示。减隔震装置质量应当符合有关产品质量法律、法规和国家相关技术标准的规定。

图 4-6　阻尼器安装方式

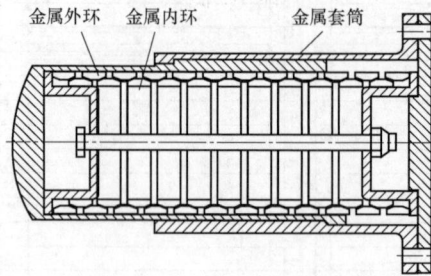

图 4-7　阻尼器内部构造

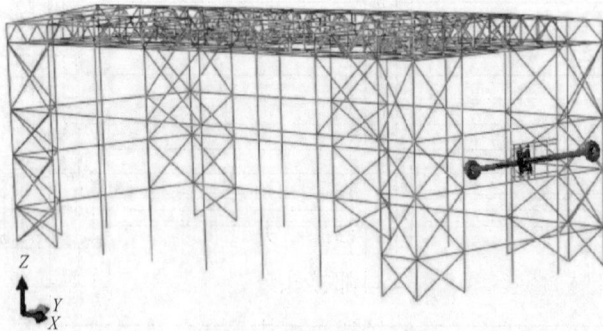

图 4-8　直流穿墙套管及阻尼器整体模型

4. 定期检查和维护

建立定期检查和维护机制，对直流穿墙套管及其支撑结构进行定期检查和保养，及时发现和处理潜在问题，确保直流穿墙套管的稳定性和安全性。

4.3 直流穿墙套管抗震设施运维要求

4.3.1 日常运维

（1）检查瓷套是否完好，有无脏污、破损，有无放电现象。

（2）复合绝缘套管伞裙有无龟裂、老化现象，检查防污涂层（如有）有无龟裂老化、起壳现象。

（3）检查连接法兰与阀厅的连接板是否发生钢板变形，检查阀厅上连接连接板的梁段是否发生屈曲等变形。

（4）检查导线对套管等设备是否存在拉扯情况。

（5）渗漏油检查，各部密封处有无渗漏，目视检查油色是否正常、油位指示是否在正常范围内。

（6）检查在线监测装置功能是否完好，各监测数据是否处于正常范围内。

4.3.2 专业运维

4.3.2.1 直流套管及部件检查

（1）套管顶部的位移较大，容易带动导线对其他设备造成拉扯，应检查导线应力的松紧情况。

（2）套管根部与法兰连接处应力较大，容易开裂，应抽取10%套管在相关部位进行裂纹检测及弯曲变形检测。

（3）检查接线端子连接部位，金具应完好，无变形、锈蚀，若有过热变色等异常应拆开连接部位检查处理接触面，并按标准力矩紧固螺栓。

（4）必要时检查套管将军帽内部接头连接可靠，无过热现象。

（5）引线长度应适中，套管接线柱不应承受额外应力，引流线无扭结、松股、断股或其他明显损伤或严重腐蚀缺陷。

4.3.2.2 数据分析

（1）对各仪器收集数据进行汇总分析，如油色谱数值、使用期间温度变化记录等，分析其是否适宜继续使用，是否需要更换或保养。

（2）对于分析结果应以纸质和电子双份保存。

4.3.3 动态运维

需结合不同的触发类型，展开不同的巡维类型。触发类别为Ⅰ级时，无须针对直流穿墙套管等设备开展维护；为Ⅱ级时，无须针对直流穿墙套管等设开展维护；为Ⅲ级时，开展可见光观察巡视，对直流穿墙套管等设开展日常巡视要求；为Ⅳ级时，需展开性能检测、检修试验，检查各检测仪器数据是否正常，在此基础上展开动力特性试验，采集基频等结构特征数据，并与上次停电维护记录数据对比，对比以前有限元模拟数据检测其状态；为Ⅴ级时，需展开停电维护，召集专业电气与结构人员对特定设备进行研究分析，确定是否适宜继续使用或进行相应改造措施。

4.3.4 停电运维

（1）抽取 10%套管进行无损探伤，检查是否有裂纹，如有裂纹需及时更换。

（2）对套管本体进行动力特性试验，记录设备基频等结构特征参数，并与上次停电维护记录数据进行比对，并以电子、纸质双份存档。

（3）薄弱位置检测：检查与套管连接处金具或螺栓是否正常，有无松动、脱落情况，检查套管顶端连接导线是否有明显的拉力变形处。

（4）通过静力试验和振动台试验（如图 4-9 所示）相结合的方法，测得阻尼器的恢复能力、塑性应变，以及设备整体变形，通过数据处理和分析得到设备运行状态和抗震性能，并形成检测报告。

（5）检查阻尼器的平面位置变化，检查阻尼器是否受力不均，并记录数据。

（6）红外检测，检查套管及接头部位，检查本体温度分布，本体温差不大于 2~3K，红外检查无异常，记录温度及负荷电流，温度异常时保存红外成像谱图。

图 4-9　直流穿墙套管振动台试验模型

4.4　直流穿墙套管抗震设施检测方法

4.4.1　概述

随着电力变电站的不断发展，直流穿墙套管在电力传输系统中扮演着关键的角色。为确保其在地震等极端情况下的安全可靠性，进行抗震设施检测显得尤为重要。本章节的主要目的在于系统地介绍直流穿墙套管抗震设施检测的各项方法和技术。通过深入研究这些方法，旨在为电力行业提供一套完善的抗震设施检测方案，从而确保电力系统在地震等极端情况下的稳定运行。通过阅读本章节，读者将能够了解直流穿墙套管抗震设施检测的目标和意义，为实际应用提供理论支持。

直流穿墙套管抗震设施的检测旨在评估直流穿墙套管的动力特性和刚度，确保其在地震中能够保持相对稳定的结构。同时，分析套管在不同地震动输入下的应力分布情况，识别潜在的易损部位。通过检测直流穿墙套管在服役期内的整体和局部变位情况，评估对电气性能的影响。再通过检测，发现并定量评估套管表面和内部可能存在的缺陷，包括裂纹、脱层等。此外，实时监测套管的温度分布，识别异常热点，预防潜在安全隐患。

通过展开直流穿墙套管的检测工作，有利于提高直流穿墙套管在地震等极端情况下的抗震性能，确保电力系统的稳定运行。及时发现和修复潜在问题，延长直流穿墙套管的使用寿命，减少维护成本，为电力设施的风险管理提供科学依据，降低事故发生的可能性，保障电力设备的安全性，防范地震等外部因素可能带来的损害。

为了实现上述目标，直流穿墙套管抗震设施采用了多层次、多角度的检测方法，构建了复杂而完备的整体架构。该架构涵盖了从动态特性到结构完整性的全面评估，主要包括以下内容。

（1）变位检测：利用外部和内部变位检测方法，全方位评估套管的位移情况，分析其对电气性能的潜在影响。

（2）缺陷检测：包括磁粉探伤、超声波检测等方法，通过不同角度和深度检测套管表面和内部的缺陷情况。

（3）红外检测：通过红外检测，实时监测套管表面温度，识别异常热点，防范可能的安全隐患。

（4）X光成像：通过 X 光成像，观察套管的内部结构，评估其完整性和可靠性。

（5）力学特性测试：通过锤击法基频测试，评估套管的动力特性和刚度，为抗震支撑系统提供基础数据。

（6）结构模型仿真计算：应力分布仿真计算通过有限元模型，全面分析套管在地震动输入下的应力分布和易损性曲线。

4.4.2 检测要求及准备

4.4.2.1 检测要求

1. 试验环境条件

（1）环境温度：0～40℃。

（2）天气条件：宜晴天。周围空气中没有显著的灰尘、烟雾、腐蚀性气体、蒸汽、烟雾污染物或沙尘。

（3）场地条件：试验场地应具备足够的空间和平整度。

（4）相对湿度：不宜大于 60%。

（5）风力：不宜大于 5 级。如遇雷电、雨、雪等天气，不宜进行测试。

2. 检测设备性能要求

在进行试验前，应对所有试验设备进行仔细检查，确保其正常工作状态。力锤、激振锤、红外热像仪、X射线设备等应经过定期校准和检验，确保其精度和灵敏度符合试验要求；对于动力特性测试试验所使用的力锤或激振锤，选择适用于直流穿墙套管基频测试的激振锤，确保其适用于直流穿墙套管的基频测试，保证其触发方式、频率带宽、窗函数等参数符合试验要求；试验过程中，应使用合适的数据采集设备，对于加速度时程采集数据，应保证数据采样频率不小于1024Hz，以确保对试验数据进行准确、全面的记录，同时便于后续对采集数据的二次采样处理。

3. 直流穿墙套管应满足的要求

试验的主要对象为直流穿墙套管，其材质、规格、型号、安装位置等应符合相关设计和使用要求。试验前应进行详细的样品信息记录，包括但不限于制造厂家、生产日期、使用年限等；与直流穿墙套管相关的附件和连接部件应作为试验样品的一部分，以确保试验的全面性和真实性。附件和连接部件的信息记录应包括制造厂家、型号、规格、连接方式等；如果直流穿墙套管存在特殊结构，如附加支撑、补强件等，这些特殊结构应作为试验样品的一部分，以充分考虑其对整体性能的影响。

4.4.2.2　检测准备

1. 直流穿墙套管设施检查

在进行试验前，对所有试验样品进行详细的外观检查和尺寸测量，确保样品表面光滑，无裂纹、变形等缺陷，并符合相关标准和规范的要求。根据不同试验方法的要求，对试验样品的表面进行必要的处理，包括清洗、涂覆渗透剂、涂覆磁粉等，以确保试验的有效性和准确性。对于需要粘贴加速度传感器的试验，应保证粘贴面的洁净，确保加速度传感器粘贴牢靠。对试验样品进行明确的标记，包括但不限于样品编号、材质、生产日期等信息。对试验设备进行合适的标定，确保测量结果的准确性。

2. 检测设备的准备

选择适用于力锤和激振锤的配件，确保其与试验设备的配合性和稳定性，包括但不限于触发器、传感器等；选择适用于直流穿墙套管的磁粉和磁粉探伤设备，确保其对试验样品的缺陷检测具有高灵敏度和可靠性；选择符合相关标准的超声波探伤耦合剂，确保其与试验设备的兼容性和稳定性；对于 X 光检测试验，操作人员应佩戴符合国家标准的 X 射线防护用品，包括但不限于防护服、护目镜、手套等，以确保其人身安全。此外，操作人员应佩戴符合国家标准的个人剂量仪，用于监测辐射剂量，确保操作人员在辐射环境下的安全。

3. 人员培训

试验人员应接受相关培训，了解试验流程、设备操作、安全事项等内容，确保试验的科学性和安全性。同时，试验人员应持有相关资质证书，符合国家规定的从业资格要求。试验设备的操作应符合相关安全规范，确保设备的正常运行和人员的安全。在试验现场应设有急救设备，并配备专业的急救人员。

4.4.3 检测类别

4.4.3.1 设备结构稳定性检测

1. 外观检测

外观检测旨在评估直流穿墙套管设备的整体外观状况，包括外壳、支架、连接件等。检查是否存在明显的损伤、裂缝、变形或异物积聚，以确保设备外部结构完整且符合设计要求。

检测案例：

直流场两根直流穿墙套管整体结构如图 4-10 所示，直流穿墙套管结构包括阀厅内外两段、连接板、连接螺栓、阻尼器，以及顶部均压环。

(a) 阀厅内侧   (b) 阀厅外侧

图 4-10 直流穿墙套管整体结构

直流穿墙套管细节如图 4－11 所示，其中检测部位包括硅橡胶护套、连接法兰、连接板、阻尼器，以及各处连接螺栓。

整个检测范围从宏观到细节逐次展开。首先，对于直流穿墙套管的整体结构及连接板进行观测，发现整体结构，包括硅橡胶绝缘子等，均未出现明显破损。连接板无明显锈蚀现象，无可见变形。连接法兰稳定且安全，金属无可见塑性变形。螺栓连接处，无可见松弛和破坏，螺栓有少量灰尘。阻尼器外观洁净无裂缝，金属部分未见明显锈蚀，8 个阻尼器均无明显异常变形，整体结构正常稳定。

总体而言，两个直流穿墙套管在本次外观检测中无明显异常，各处结构、连接、固定均稳定，且无可见变形和破坏现象，无破坏和连接脱落的情况。8 个阻尼器外观洁净无裂缝，均无明显异常变形，整体结构正常稳定，直流穿墙套管设备状态良好。

(a) 硅橡胶护套   (b) 套管固定连接板

图 4－11 直流穿墙套管细节图（一）

(c) 阻尼器

(d) 阻尼器上连接点

(e) 左侧阻尼器

(f) 阻尼器下连接点

(g) 阻尼器黏接处

(h) 连接法兰

图 4-11　直流穿墙套管细节图（二）

2. 变位检测

变位检测旨在评估直流穿墙套管在服役期内整体和局部的变位情况，包括水平位移、垂直位移、倾斜角度等，以及其对电气性能的影响。变位检测应包括以下内容。

（1）外部变位检测：在直流穿墙套管的外部安装变位传感器，如光纤光栅传感器、激光位移传感器等，记录直流穿墙套管的整体变位情况，如水平位移、垂直位移、倾斜角度等。

（2）内部变位检测：在直流穿墙套管的内部安装变位传感器，如应变片、电容式传感器等，记录直流穿墙套管的局部变位情况，如外套筒与中间导电杆间的相对位移、绝缘芯子的形变等。

（3）数据分析：对变位数据进行分析，计算直流穿墙套管的变位量和变位速率，评估其对电气性能的影响，如电容量、介质损耗因数、局部放电等。

变位检测试验接收准则：直流穿墙套管的整体变位量和变位速率应在允许的范围内，不应影响其安装稳定性和连接可靠性；直流穿墙套管的局部变位量和变位速率应在允许的范围内，不应影响其电气性能和绝缘性能；如果直流穿墙套管的变位超过了允许的范围，或者对电气性能有不利的影响，应及时采取措施进行调整或更换。

检测案例：

（1）800kV 直流穿墙套管。直流穿墙套管为悬臂类结构，安装在阀厅墙体之上，整体结构如图 4-12 所示。直流穿墙套管作为换流站直流场和阀厅的连接设备，在整个直流输电工程中处于"咽喉"位置。直流穿墙套管分为室外套管和室内套管，内、外套管之间由金属套筒连接；套管内部芯体为胶浸纸单芯体；在套管两端设置有均压环，起到改善套管表面电压分布的作用。直流穿墙套管在金属套筒位置被安装于阀厅墙体上，套管轴向与水平方向呈一定倾角。800kV 直流穿墙套管体积相对较大，质量更大，现场结构及测量坐标点如图 4-12 所示。为测量直流穿墙套管变形情况，选取阀厅内外侧套管顶部和根部法兰位置进行了坐标测量，通过测得相对地面竖向数据及竖向高差得到测量结果，如表 4-1、表 4-2 所示。

(a) 外观图（阀厅内侧） (b) 外观图（阀厅外侧）

(c) 示意图

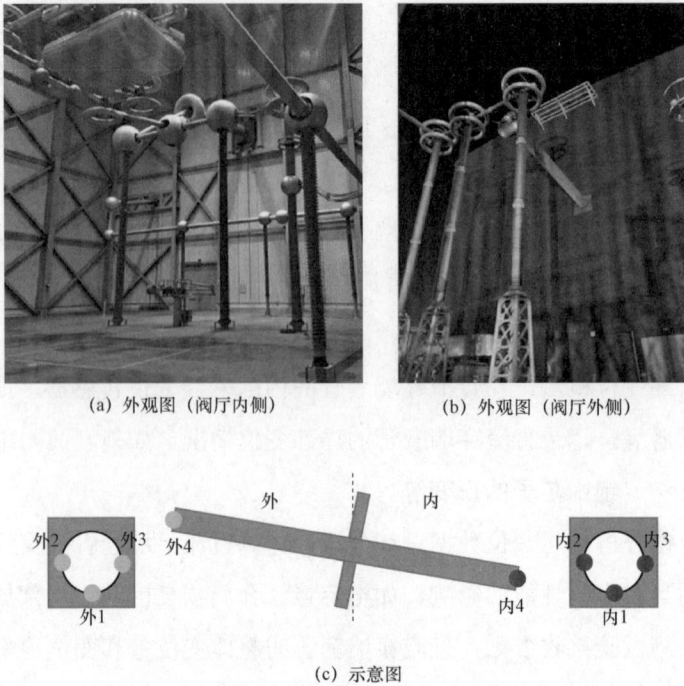

图 4-12　800kV 直流穿墙套管结构及测量坐标点

表 4-1　　　　　　　　　800kV 直流穿墙套管距离阀厅地面高度

项目	高度/m	项目	高度/m
内 1	14.962	外 1	15.576
内 2	15.468	外 2	16.076
内 3	15.473	外 3	16.068
内 4	13.721	外 4	17.777

表 4-2　　　　　　　800kV 直流穿墙套管顶部到根部高差和倾角对比

项目	高度差/m	设计图纸	测量角度	仿真结果
内 4 - 内 2	1.747	10	11.146°	11.207°
内 4 - 内 3	1.752	10	11.178°	11.207°
外 4 - 外 2	1.701	10	8.697°	8.643°
外 4 - 外 3	1.709	10	8.738°	8.643°

由测量数据可见，800kV 直流穿墙套管两侧端部左右两边相对于根部的高差差距细微，测量角度与仿真结果相差较小，且实际测量存在误差且误差在允许范围内，因此该设备处于完好状态，并无偏移及扭转情况出现。

（2）400kV 直流穿墙套管。400kV 直流穿墙套管的整体结构如图 4-13 所示。构造及结构特征与 800kV 直流穿墙套管相似，只是 400kV 直流穿墙套管体积相对较小，质量也更小，现场结构及测量坐标点如图 4-13 所示。为测量直流穿墙套管变形情况，选取阀厅内外侧套管顶部和根部法兰位置进行了坐标测量，通过测得相对地面竖向数据及竖向高差得到测量结果，如表 4-3、表 4-4 所示。

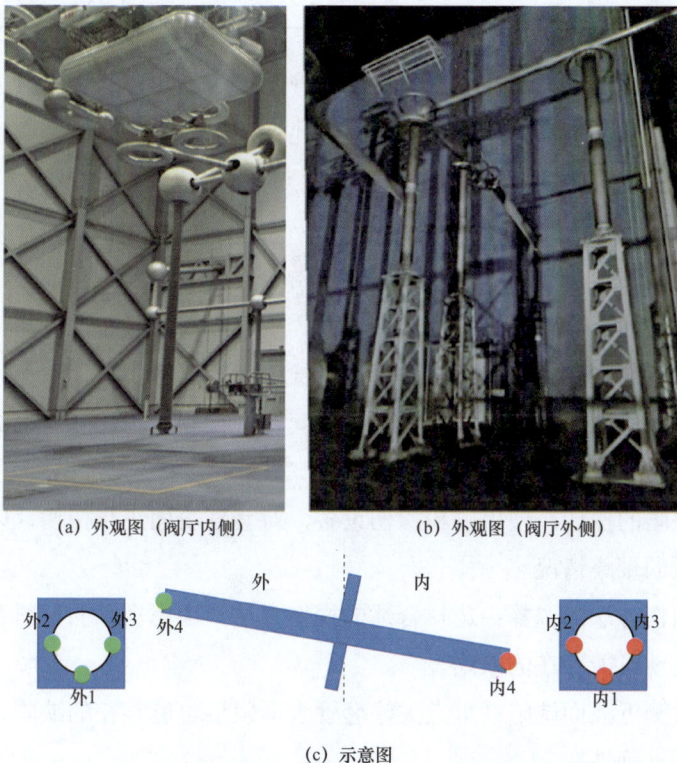

(a) 外观图（阀厅内侧） (b) 外观图（阀厅外侧）

(c) 示意图

图 4-13　400kV 直流穿墙套管结构及测量坐标点

表 4-3　　　　　　　　400kV 直流穿墙套管距离阀厅地面高度

项目	高度/m	项目	高度/m
内 1	10.333	外 1	10.383
内 2	10.616	外 2	10.666
内 3	10.61	外 3	10.675
内 4	10.054	外 4	11.063

表 4-4　　　　　　　　800kV 直流穿墙套管顶部到根部高差

项目	高度差/m
内 4 - 内 2	0.562
内 4 - 内 3	0.556
外 4 - 外 2	0.397
外 4 - 外 3	0.388

由测量数据可见，400kV 直流穿墙套管两侧端部左右两边相对于根部的高差差距细微，实际测量存在误差且误差在允许范围内，因此该设备处于完好状态，并无偏移及扭转情况出现。

4.4.3.2　设备损伤检测

1. 磁粉探伤

磁粉探伤通过磁化直流穿墙套管表面，观察磁粉的分布，检测直流穿墙套管是否存在裂纹、脱层等缺陷。磁粉探伤检测包括以下步骤。

（1）预清洗：在进行磁粉探伤前，对套管进行预清洗，确保表面干净，便于有效的探伤。

（2）缺陷的探伤：使用磁粉探伤设备，对套管表面进行探伤，以观察磁粉在缺陷区域的聚集情况。

（3）探伤方法的选择：选择合适的探伤方法，考虑套管的材料和结构，确保有效地发现可能存在的缺陷。

（4）检测近表面缺陷：重点关注套管表面附近可能存在的缺陷，确保探伤的全面性和准确性。

（5）周向磁化：进行周向磁化，以增加对横向裂纹等缺陷的敏感性。

（6）纵向磁化：进行纵向磁化，以增加对纵向裂纹等缺陷的敏感性。

（7）退磁，清洗：在探伤结束后，进行退磁处理，并清洗套管表面，以便后续分析和评估。

磁粉探伤的接收准则应根据相关标准和规范制定，确保对缺陷的判定准确可靠，以保障套管的使用安全。

2. 超声波检测

超声波检测通过向直流穿墙套管发送超声波，接收反射回来的信号，分析直流穿墙套管的内部结构和缺陷情况。超声波检测试验包括以下步骤。

（1）母材的检验：检验前应测量管壁厚度，至少每隔 90° 测量一点，以便检验时参考。将无缺陷处二次底波调节到荧光屏满刻度，作为检测灵敏度。

（2）焊接接头的检验：扫查灵敏度应不低于评定线（EL 线）灵敏度，探头的扫查速度不应超过 150mm/s，扫查时相邻两次探头移动间隔应保证至少有10%的重叠。

超声波检测的接收准则应基于相应标准和规范，确保对内部结构和缺陷的评估符合要求，以维护套管的可靠性和安全性。

3. 红外检测

红外检测（如图 4-14 所示）适用于直流穿墙套管的表面温度检测，旨在评估套管的热性能、热稳定性和可能存在的异常热点。红外检测试验包括以下步骤。

（1）仪器选择：选用符合相关标准的红外热像仪，确保其精度和灵敏度符合试验要求。

（2）预试验准备：在试验前对设备进行适当的校准和预试验，确保红外热像仪的正常工作状态。

（3）实施检测：将红外热像仪对准直流穿墙套管表面，记录相应的红外图像，并确保全面而均匀地覆盖整个直流穿墙套管表面。

（4）温度测量：使用红外热像仪测量不同部位的表面温度，注意记录温度分布情况。

（5）异常热点分析：对温度异常的区域进行详细分析，识别可能的异常热点，记录其位置和温度值。

图 4-14 直流穿墙套管红外检测示意图

对于红外检测试验结果，应满足以下要求。

（1）温度均匀性：直流穿墙套管表面温度应具有均匀性，不应存在明显的温度梯度。

（2）异常热点判定：识别并记录可能存在的异常热点，其温度值超出预设的正常范围。

（3）报告要求：测试报告应明确表明红外检测的结果，包括温度分布图、异常热点位置、温度值等详细信息。

（4）预警与处理：若发现异常热点，应立即采取相应措施，如进一步检测、维修、更换等，确保直流穿墙套管的正常运行和安全性。

4. X 光成像

通过用 X 射线照射穿墙套管，观察穿墙套管的内部结构和缺陷情况，评估穿墙套管的完整性和可靠性。X 光成像检测试验要求如下。

（1）操作人员安全：操作人员应随身佩戴个人剂量仪，并保持个人剂量仪开启；操作人员需正确佩戴检验合格的辐射剂量仪，剂量仪同时应设定报警值（每次操作设定为 1msv）。

（2）X 射线操作：禁止放在带有金属屏蔽物的容器、厚的包裹物内，以免遮挡 X 射线，造成剂量仪 X 射线测量值偏低。

X 光成像的接收准则应符合相关标准和规范，确保对 X 射线照射后的图像进行准确解读，以评估套管的内部情况和缺陷，从而保障套管的安全可靠性。

4.4.3.3 设备结构动力特性检测

1. 锤击法基频测试

锤击法基频测试通过用激振锤敲击直流穿墙套管，采集加速度信号，计算直流穿墙套管的固有频率和阻尼比，评估直流穿墙套管的动力特性和刚度。测试试验按照以下步骤展开：选择合适的力锤，确保其质量和频率范围适用于直流穿墙套管的测试；设置激振锤的触发方式，以确保稳定和可重复的试验；设定测试的频率带宽，以覆盖套管可能的共振频率范围；根据实际需要选择合适的窗函数，以优化频谱分析的精度；采集激振锤敲击产生的加速度信号，并记录相应的频谱数据。

检测案例：

直流穿墙套管安装在阀厅一侧的墙体上，分为室外套管和室内套管，内、外套管由复合材料玻璃钢套筒构成，复合材料玻璃钢套筒与金属法兰通过胶装方式连接，内外套管之间由金属套筒相连接，如图 4−15 所示。在直流穿墙套管玻璃钢套筒内部设有导电杆，起电流运输的作用；在套管两端设置有均压环，起改善套管表面电压分布的作用；套管外部设有硅橡胶伞裙，起绝缘保护的作用。直流穿墙套管在金属套筒位置被安装于阀厅墙体上，套管轴向与水平方向呈 $10°$。新松换流站中的 800kV 直流穿墙套管设备总重约 8.8t，总长约 21m，其中外套管长约 11m，内套管长约 8.5m，套管外径为 0.75m，玻璃钢套筒壁厚约 0.08m。

(a) 直流穿墙套管与阀厅连接图   (b) 内、外套管连接处法兰

图 4−15　直流穿墙套管构造图

使用锤击法进行直流穿墙套管基频测试时，力锤的选择十分重要。选取力锤时应考虑被测设备自重，以产生有效激励，同时应根据所关心的频率范围选择锤头材料，锤头越硬，所激发模态阶数越多，锤头越软，则有利于激发低频区间的模态，锤头材料的选取应当保证振动信号频响函数峰值附近的相干函数值至少大于 0.75，才能保证设备响应基本由力锤激励引起，对于复合材料设备可选用橡胶锤头。加速度传感器的考虑因素主要是频响范围和灵敏度，其频响范围应包括所关心的频率范围，同时灵敏度不宜过高，否则容易导致传感器内部信号调理部分受到饱和冲击，导致响应信号畸变失真。

响应信号与激励信号的传递函数反映了结构对信号的传递特性，传递函数会放大自振频率附近的幅值，峰值点对应频率值为结构与激励信号的共振频率，可通过半功率带宽衰减系数求出设备自振频率。通过传递函数幅频曲线可得到结构主要频谱特性，但曲线中也存在其他因素导致的频率成分，准确得到设备的模态频率还需采用模态参数识别方法进行识别。本次测试案例采用北京东方振动和噪声技术研究所开发的 DASP – V11 多通道智能数据采集和信号处理软件，可实现振动信号采集及传递函数分析、模态参数识别等信号处理功能。测试结果分析如图 4 – 16 所示。

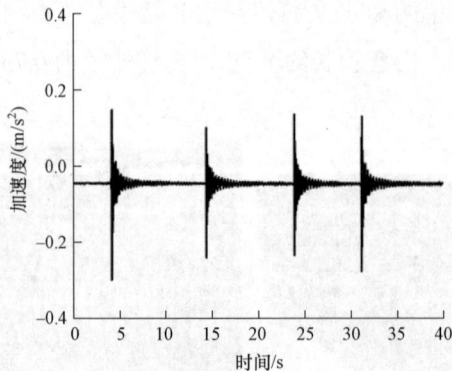

图 4 – 16　锤击试验加速度时程图示意

直流穿墙套管传递函数幅频曲线如图 4 – 17 所示，可以看出，直流穿墙套管整体设备在 1.7Hz 以内，处于地震波的卓越频率范围内，阻尼比较小，地震作用下设备容易发生共振，地震作用下绝缘子的响应较大。由动力特性处理方法可知，三次锤击试验得到的直流穿墙套管基本频率为 1.671、1.673、1.660Hz。

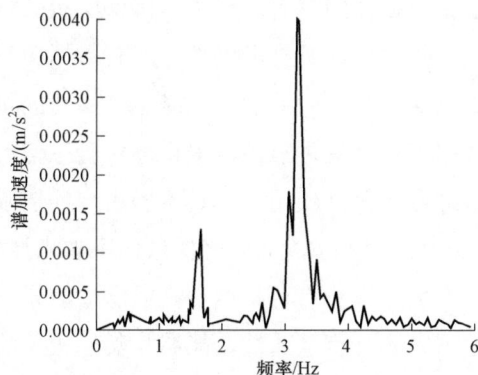

图 4-17　锤击试验频谱图示意

直流穿墙套管动力测试三次的平均值为 1.668Hz，处于地震波的卓越频率范围内，阻尼比较小，地震作用下设备容易发生共振，地震作用下绝缘子的响应较大。现场动力测试结果相较于有限元的频率（1.69Hz）降低了 1.3%。

2. 直流穿墙套管抗震数据库构建

设备抗震数据库构建适用于直流穿墙套管的抗震性能评估及运维，包括直流穿墙套管的基本信息、试验数据、评估结果、运维记录等，为直流穿墙套管的抗震设计、检测、维护和管理提供数据支撑。直流穿墙套管设备抗震数据库应包括以下内容。

（1）收集基本信息：收集直流穿墙套管的基本信息，如型号、规格、材料、结构、安装位置、运行状态等，建立直流穿墙套管的基本信息表。

（2）收集试验数据：收集直流穿墙套管的试验数据，如地震模拟振动台试验、变位检测、电气相关试验等，建立直流穿墙套管的试验数据表。

（3）评估抗震性能：根据试验数据，采用合适的评估方法，如易损性分析、可靠性分析、风险分析等，评估直流穿墙套管的抗震性能，建立直流穿墙套管的评估结果表。

（4）制定运维计划：根据评估结果，制定直流穿墙套管的运维计划，如检测周期、维护措施、更换时机等，建立直流穿墙套管的运维计划表。

（5）记录运维过程：记录直流穿墙套管的运维过程，如检测日期、检测结果、维护内容、更换情况等，建立直流穿墙套管的运维记录表。

对于数据库数据，应有专人维护。其中，对于数据质量的要求如下。

（1）数据完整性：数据库应具有完整性，确保所有数据都得到完整记录。

（2）数据准确性：数据库应具有准确性，所有数据应符合实际情况。

（3）时效性：数据库应具有时效性，及时记录最新的试验和运维信息。

（4）可靠性：数据库应具有可靠性，提供真实且可信的信息。

（5）易用性：数据库应易于使用，满足不同用户的需求和权限。

（6）安全性：数据库应具有安全性，确保数据不被未授权人员访问或篡改。

（7）可扩展性：数据库应具有可扩展性，能够适应未来的需求变化。

（8）互通性：数据库应具有互通性，能够与其他相关的数据库进行数据交换和共享。

（9）兼容性：数据库应具有兼容性，能够与不同系统和软件相互配合。

（10）标准性：数据库应符合相关标准，以确保数据的一致性和可比性。

4.4.3.4　模拟仿真技术应用

特高压电气设备是否满足高烈度抗震设防的要求，是换流站在抗震设计和选址时需要重点考虑的问题。直流穿墙套管自身的长悬臂结构对抗震不利，加之安装在钢结构阀厅的山墙上，阀厅对直流穿墙套管响应的放大效应不可忽略。目前国内对特高压直流穿墙套管的抗震研究较少，大多数还集中在电磁场稳定和绝缘性能上。因此，研究直流穿墙套管在地震作用下的响应具有重要的意义。

阀厅 – 直流穿墙套管复合结构的体积过于庞大，无法进行真型振动台试验，故对其地震响应的研究往往借助于模拟仿真技术。该技术旨在通过有限元软件建立精细化有限元模型，对直流穿墙套管 – 阀厅体系进行动力特性和地震响应分析，以评估套管在不同地震动输入下的应力分布和易损性曲线。其实施包括以下步骤。

（1）有限元模型建立：利用有限元软件建立直流穿墙套管和阀厅的精细化有限元模型，地震波的选取应考虑场地特性和结构复杂性。

（2）动力特性分析：进行动力特性分析，计算套管在地震动输入下的固有频率、振型等参数。

（3）地震响应分析：进行地震响应分析，评估套管在不同地震动输入下的应力分布情况。进一步地，可评估套管不同损伤状态下的地震易损性。

1. 检测案例：直流穿墙套管–阀厅复合体系应力分布仿真计算

为计算直流穿墙套管对阀厅的放大作用，在有限元中建立阀厅与直流穿墙套管的整体模型，并将直流穿墙套管出线端相连的母线作用简化为端子力。选取符合场地要求的地震波输入，计算直流穿墙套管在地震作用下的响应，分析其抗震性能。

阀厅作为放置换流阀的建筑，具有极好的电磁屏蔽和封闭性能，能够屏蔽环流过程产生的电磁干扰，阀厅的墙壁及底板均铺设有金属板。本章分析的阀厅结构参考云南某高烈度换流站的阀厅设计图纸，其尺寸示意图如图4-18所示，建立的有限元模型如图4-19所示。

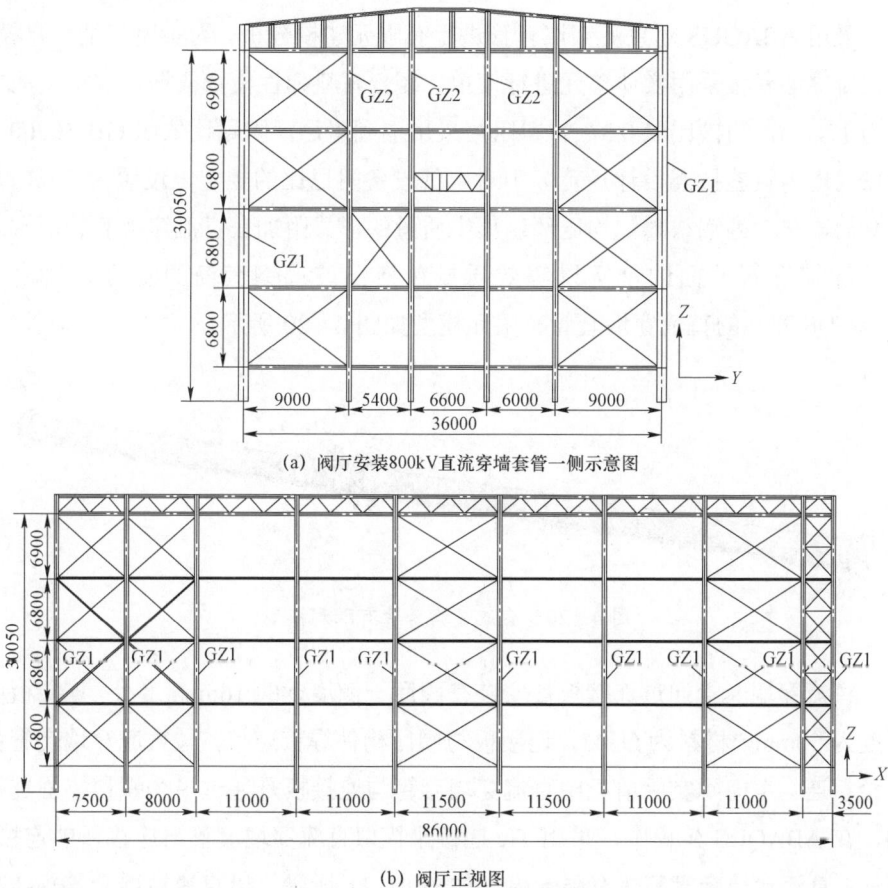

(a) 阀厅安装800kV直流穿墙套管一侧示意图

(b) 阀厅正视图

图4-18 阀厅尺寸示意图

图 4-19 阀厅有限元模型

采用 ABAQUS 对直流穿墙套管进行有限元建模分析。为实现精细化建模，对直流穿墙套管采用实体单元进行模拟，复合材料弹性模量依据厂家提供的参数为 17GPa，泊松比取 0.3，材料阻尼采用瑞利阻尼，阻尼比依照 GB 50260—2013《电力设施抗震设计规范》中对电气设备阻尼比的规定，设置为 2%。金属套筒与法兰为铝材料。均压环以集中质量的形式附加在直流穿墙套管两端，直流穿墙套管外面的伞裙以等效质量包括在玻璃钢套筒的复合材料内。ABAQUS 建立的直流穿墙套管有限元模型如图 4-20 所示。

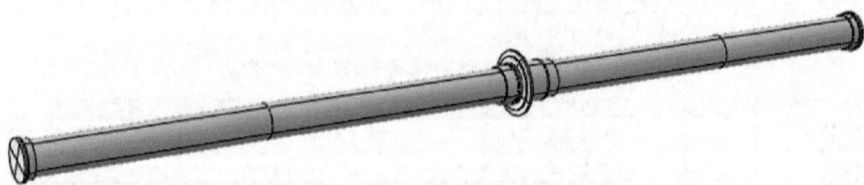

图 4-20 直流穿墙套管有限元模型

直流穿墙套管通过连接板被安装在阀厅一侧墙壁的 16m 高度处，连接板的厚度为 60mm，材料为 Q345，连接板与阀厅构件焊接连接，与直流穿墙套管由螺栓相连。考虑到实际情况中直流穿墙套管与连接板是通过多个螺栓牢固连接的，在 ABAQUS 建模中，采用 Tie 连接来模拟直流穿墙套管与连接板的连接。阀厅-直流穿墙套管整体有限元模型如图 4-21 所示。以直流穿墙套管轴线在水平方向的投影方向为 X 向，水平面内垂直于直流穿墙套管轴线的方向为 Y 向，竖向为 Z 向。阀厅和直流穿墙套管的主振方向都为 Y 向，因此 Y 向的地震响应为重点考察对象，另外直流穿墙套管是长悬臂结构，竖向地震的影响比较显著，因此 Z 向的响应也应重点关注。

图 4-21　阀厅-直流穿墙套管整体有限元模型

（1）模态分析。对直流穿墙套管进行模态分析，计算得到的主要特征频率和振型如表 4-5 和图 4-22 所示。由于直流穿墙套管自身结构，以及安装边界在 Y 向和 Z 向近似相同，特征频率在 Y 向与 Z 向几乎相等。直流穿墙套管前两阶频率以内、外套管两端异向摆动为主，第三、第四阶频率以直流穿墙套管内、外套管同向弯曲为主。

表 4-5　　　　　　　　　直流穿墙套管前四阶振型及频率

振型	一阶	二阶	三阶	四阶
方向	Y 向	Z 向	Y 向	Z 向
两端	异向	异向	同向	同向
频率/Hz	1.69	1.70	3.06	3.07

（2）地震响应结果分析。直流穿墙套管的主振方向为 Y 向，材料采用瑞利阻尼作为输入，其中瑞利阻尼的系数由主振方向上的前两阶频率确定，由 $\omega_1 = 2\pi f_1 = 10.62\text{rad/s}$、$\omega_3 = 2\pi f_3 = 19.23\text{rad/s}$，计算得 $\alpha = 0.2736$，$\beta = 0.0013$，作为模型中直流穿墙套管材料的瑞利阻尼系数。

根据 GB 50260—2013《电力设施抗震设计规范》，时程分析应按建筑场地类别和设计地震分组选用实际强震记录和人工模拟的加速度时程曲线，其中实际强震记录的数量不应少于总数的 2/3，对模型输入的地震波三向加速度峰值比为 $Y:X:Z = 1:0.85:0.65$。

(a) 第一阶振型

(b) 第二阶振型

(c) 第三阶振型

(d) 第四阶振型

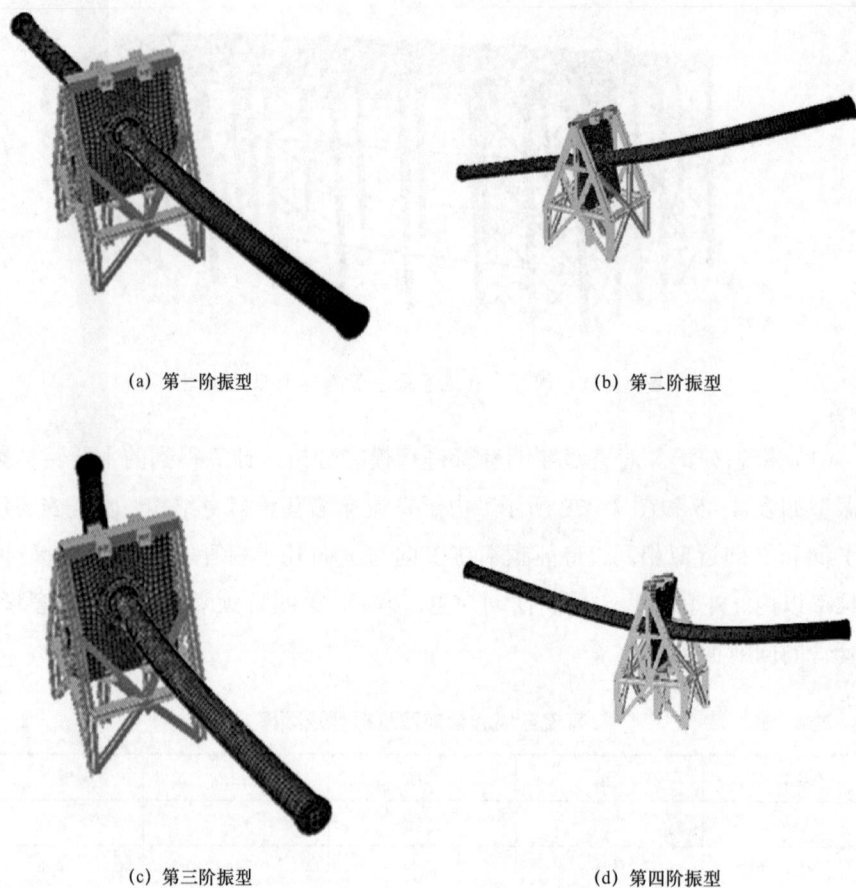

图 4-22　直流穿墙套管前四阶振型

　　本工程所在区域为 8 度设防，考虑变电设备重要性，提高 1 度设防，设计基本地震加速度峰值为 0.4g。故选取两条天然波 El Centro 波和 Landers 波，以及图 4-23 所示的由工程所在区域地震局提供的人工波，计算直流穿墙套管在地震作用下的响应。

　　结合阀厅对直流穿墙套管的放大系数，取 0.8g 作为目标峰值输入。计算得到的 0.8g 峰值下 El Centro 波下直流穿墙套管内、外套管的响应，如图 4-23 所示。

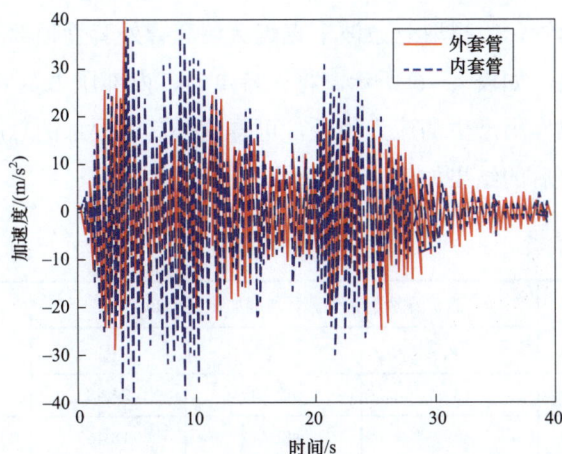

(a) 直流穿墙套管内、外套管顶部加速度响应

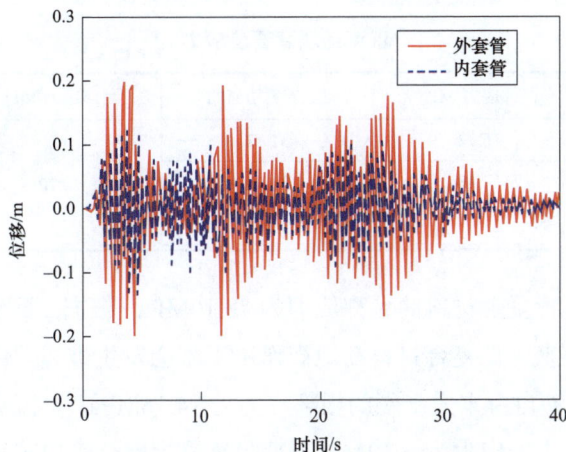

(b) 直流穿墙套管内、外套管顶部位移响应

图 4-23　0.8*g* 峰值下 El Centro 波作用下直流穿墙套管内、外套管响应

图 4-23 中的根部应力仅为地震作用下的响应，不包括直流穿墙套管自身重力造成的应力。在 El Centro 波作用下，直流穿墙套管的最大应力发生在套管根部，重力产生的应力为 14.16MPa。根据 GB 50260—2013《电力设施抗震设计规范》，直流穿墙套管抗震设计地震作用应计算设备的总重力、内部压力及 0.25 倍设计风荷载。

直流穿墙套管内套管安装在室内，应力项可以不考虑风荷载；外套管安装在室外，组合应力应包括风荷载。由图 4-23 可见，在地震作用下外套管的应力响应大于内套管，故提取三条波下直流穿墙套管外套管顶部加速度响应及根部应力响应结果，如表 4-6 所示。将设备重力、内部压力及 0.25 倍风荷载产生的应力与地震作用产生的应力组合，可得到外套管根部的总应力。地震应力组合其他项应力后的结果如表 4-7 所示。

表 4-6 直流穿墙套管地震响应

地震波	直流穿墙套管外套管顶部加速度/（m/s²）			根部应力/MPa
	a_x	a_y	a_z	
El Centro	13.94	42.10	24.48	15.72
Landers	8.93	42.74	18.46	17.48
人工波	18.53	45.96	36.19	28.95

表 4-7 直流穿墙套管总应力

地震波	根部应力/MPa	组合应力/MPa	允许应力/MPa	安全系数
El entro	15.72	31.72		2.21
Landers	17.48	33.38	70.10	2.10
人工波	28.95	45.95		1.53

直流穿墙套管复合材料的允许应力为 70.10MPa，根据工程要求，需要保证 1.67 的安全系数来确保复合材料在地震作用下不会发生破坏。由有限元计算可得，直流穿墙套管自身重力产生的根部应力为 14.16MPa；直流穿墙套管安装在户外，风荷载产生的应力为 5.12MPa；此外直流穿墙套管内部绝缘气体产生的应力为 1.56MPa。根据 GB 50260—2013《电力设施抗震设计规范》，进行荷载组合之后，直流穿墙套管的总应力如表 4-7 所示。其中人工波作用下直流穿墙套管根部应力为 45.95MPa，安全系数为 1.53，小于 1.67，不能满足抗震要求，故需要采取措施减小直流穿墙套管在地震作用下的响应。

2. 检测案例：带阻尼器的直流穿墙套管减震效果仿真

（1）直流穿墙套管阻尼器概述。弹簧摩擦阻尼器是由金属外筒，楔形金属内、外环组成的，耗能原理是利用内部楔形金属环的摩擦来实现对地震能量的耗散，其构成如图 4-24（a）所示。在压力作用下，金属外环与内环之间受到挤压而膨胀，沿阻尼器轴向发生相对滑移，滑移过程中摩擦力做功，实现动能向热能的转化，从而起到减弱地震动输入能量的效果，当力消失后，金属环的挤压和膨胀随之消失，阻尼器可以恢复到初始状态。阻尼器的内力可认为由弹簧的弹性力和摩擦力构成，其简化模型如图4-24（b）所示。

阻尼器的各楔形金属环之间存在间隙，在楔形截面上存在摩擦力，当外力克服摩擦力时，金属环之间发生滑动，间隙被压缩，在此过程中摩擦力做功，实现能量的耗散，如图4-25（a）所示。当各个金属内外环间隙全部被压实，阻尼器达到极限变形，形成一个钢柱，具有很大的极限承载力，如图4-25（b）所示。在此状态下，阻尼器不能再沿该受力方向发生变形，在该受力方向上不再具有耗能能力，因此应该尽量避免此种情况的出现。图4-25（a）中，θ为金属环楔形接触面的角度，d_e为阻尼器纵向压缩量，$\Delta R + \Delta r$为阻尼器横向压缩量。楔形金属环之间相对变形和纵向膨胀量的关系为$\Delta R + \Delta r = d_e \times \tan\theta$。

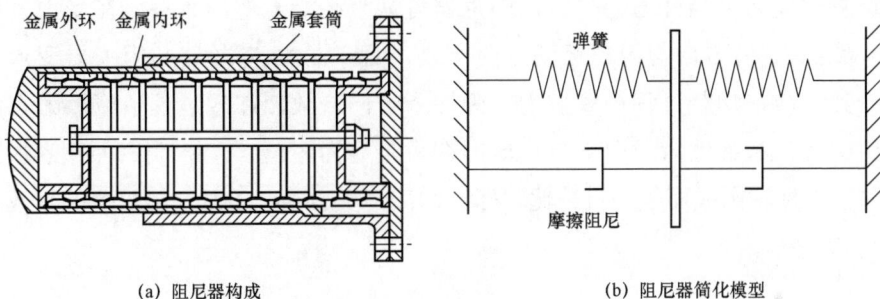

(a) 阻尼器构成　　　　　　　　　　(b) 阻尼器简化模型

图4-24　阻尼器构成及工作原理

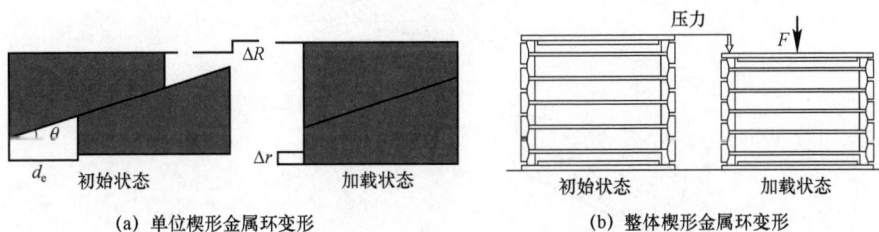

(a) 单位楔形金属环变形　　　　　(b) 整体楔形金属环变形

图4-25　阻尼器内部构造

在工作状态下，阻尼器的摩擦力随阻尼器变形的增大而增大。为保证阻尼器在微风等小荷载作用下不出现滑移现象，且为了防止金属环相互脱落，沿阻尼器的金属环轴向施加预压力F_0，作为阻尼器的初始起滑力。在整个运动过程中，不论阻尼器产生任何方向的位移，阻尼器内部的金属环始终处于受压状态。金属环的滞回曲线如图 4-26 所示。

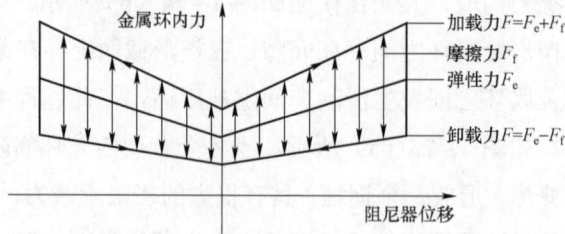

图 4-26   阻尼器内部金属环滞回曲线

当外力大于预压力时，阻尼器才会发生滑动，故阻尼器的滞回曲线为旗形，如图 4-27 所示。当预压力大于阻尼器楔形金属环间的静摩擦力时，阻尼器具有自复位能力，当外力消失时，阻尼器可恢复初始无变形状态。在受力过程中，摩擦力 F_f 方向与阻尼运动方向一致，而弹性力 F_e 始终与阻尼器变形方向一致，故在加载过程中摩擦力与弹性力方向一致，卸载过程中摩擦力方向发生突变，与弹性力反向。阻尼器的有效阻尼为图 4-27 中阴影面积占加载力与横坐标轴围成面积的百分比，即当卸载力 $F_2/F_1 = 1/3$ 时，阻尼器的有效阻尼为 66.67%。

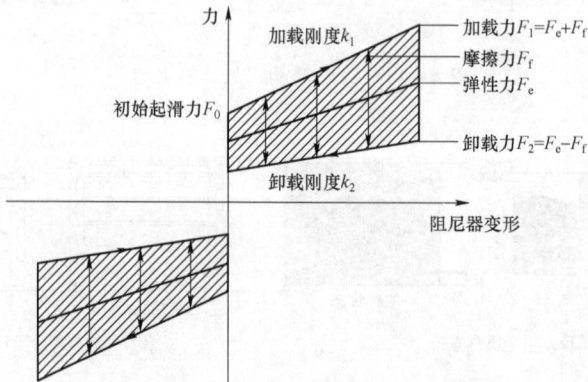

图 4-27   阻尼器在外力作用下滞回曲线

（2）阻尼器在 ABAQUS 中的模拟。在 ABAQUS 的 Interaction（相互作用）功能模块，可以对连接器进行定义。本方案采用弹簧摩擦型阻尼器，在阻尼器两端的连接方式为铰接，由于外部金属套筒的约束，阻尼器只能沿轴向发生变形。阻尼器的实际受力模式可以等效为一个具有变摩擦力的弹簧，其中弹簧刚度等于图 4-26 中弹性力 F_e 的斜率，变摩擦力可以用线性表达式进行定义。

针对直流穿墙套管在阀厅上的安装方式，提出使用金属摩擦型阻尼器将直流穿墙套管与阀厅安装板进行连接的方案，为了提供足够的面内和面外刚度约束，共采用 8 个阻尼器，上下各 4 个，阻尼器两端与设备通过球铰相连，阻尼器沿不同方向布置在不同平面内，布置方式如图 4-28 所示。

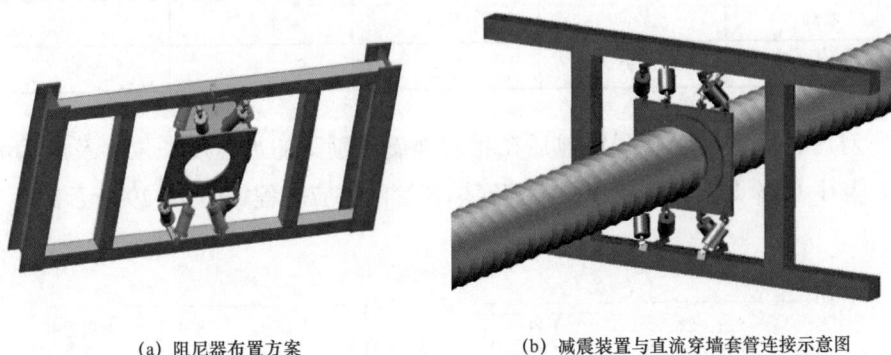

(a) 阻尼器布置方案   (b) 减震装置与直流穿墙套管连接示意图

图 4-28 减震装置安装方式

（3）减震效果分析。为确定减震装置的减震效果，将阻尼器参数输入到有限元模型中。选取天然波 El Centro 波和 Landers 波，以及由工程所在区域地震局提供的人工波，计算带有减震装置的直流穿墙套管在地震作用下的响应，并与无减震装置的直流穿墙套管计算结果进行对比。

计算得到带有减震装置的直流穿墙套管的前四阶频率表如表 4-8 所示。对比表 4-5 和表 4-8 可见，由于减震装置的存在，直流穿墙套管的第一阶频率由 1.69Hz 降低为 0.95Hz，下降了 44%。相比于未减震时直流穿墙套管第一、二阶频率数值比较接近的情况，减震之后的直流穿墙套管前两阶频率数值差别较大，造成该现象的原因可解释如下：设备与阻尼器两端以球铰的方式连接，在转动方向上没有约束，直流穿墙套管在地震作用下发生响应，阻尼器也会随之产生变形，在阻尼器内部相应地产生轴力，即在地震作用下，减震装置实际上是全部由阻尼器的轴力来提供对于直流穿墙套管的约束。本方案中阻尼器的

轴线安装方向与 Z 向夹角较小，直流穿墙套管根部沿 Y 向发生一定位移在阻尼器轴线方向的分量，小于沿 Z 向发生相同位移在阻尼器轴向的分量，位移分量越小，产生的轴力约束越小，故减震装置在直流穿墙套管 Y 向的约束弱于 Z 向，因此造成了 Y 向的频率小于 Z 向的现象。

表 4-8　　　　　带减震阻尼器的直流穿墙套管前四阶振型及频率

振型	一阶	二阶	三阶	四阶
方向	Y 向	Z 向	Y 向	Z 向
两端	异向	异向	同向	同向
频率/Hz	0.95	1.54	2.94	3.00

对比直流穿墙套管减震前后在相同地震激励下的加速度、位移及应力响应，其中 $0.8g$ 人工波作用下，直流穿墙套管的响应时程如图 4-29 所示。

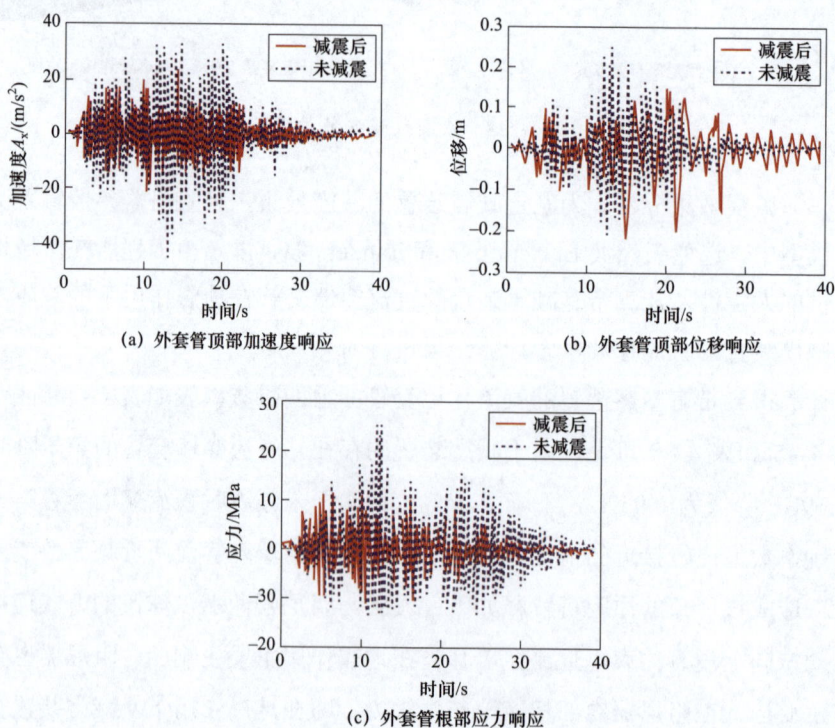

(a) 外套管顶部加速度响应

(b) 外套管顶部位移响应

(c) 外套管根部应力响应

图 4-29　减震前后直流穿墙套管响应对比

由图 4-29（a）加速度时程和图 4-29（c）应力时程可见，减震后直流穿墙套管的加速度和应力幅值在很大程度上得以减小；由图 4-29（b）位移时程可以看出，尽管减震后直流穿墙套管顶部位移幅值没有得到明显的减小，但减震装置的存在使得套管顶部位移的往复摆动频率明显减小。

对比三条波作用下直流穿墙套管减震前后的响应，表 4-9 为未减震和减震后直流穿墙套管外套管顶部的最大加速度响应，表 4-10 为未减震和减震后外套管根部的最大应力响应，此处的应力仅为地震作用下的应力响应。

表 4-9　　　　　　　不同地震输入下外套管顶部最大加速度减震效果

输入波	分量	外套管顶部加速度/（m/s²）		减震率
		未减震	减震	
El Centro	a_x	13.94	12.80	8.18%
	a_y	42.10	25.13	40.31%
	a_z	24.48	16.80	31.17%
Landers	a_x	8.93	8.03	10.08%
	a_y	42.74	25.70	39.87%
	a_z	18.46	12.67	31.37%
人工波	a_x	18.53	13.24	28.55%
	a_y	45.96	35.70	22.32%
	a_z	36.19	31.70	12.41%

表 4-10　　　　　　　各地震波作用下根部最大应力减震效果

输入波	外套管根部应力/MPa		减震率
	未减震	减震	
El Centro	15.72	6.42	59.16%
Landers	17.48	8.67	50.40%
人工波	28.95	13.44	53.58%

由表 4−9 可见，安装金属摩擦阻尼器能有效降低直流穿墙套管顶部三向加速度幅值，主振方向（X 向）加速度峰值平均减小 34%，振动控制效果明显。

由表 4−10 可见，安装金属摩擦阻尼器能有效降低直流穿墙套管根部的最大应力，外套管根部应力平均降低 54%。在考虑荷载组合之后，减震之后的直流穿墙套管根部应力在人工波作用下为 30.44MPa，安全系数为 2.3，大于 1.67，符合工程要求。

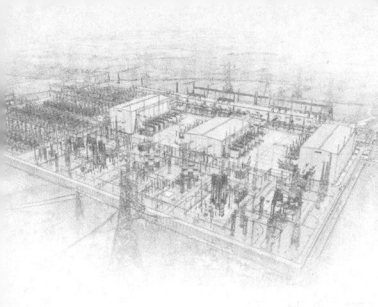

5 滤波器

5.1 滤波器的功能及原理

滤波器是由电容、电感和电阻等组成的滤波电路。滤波器可以对电源线中特定频率的频点或该频点以外的频率进行有效滤除，得到一个特定频率的电源信号，或消除一个特定频率后的电源信号。

换流站滤波器主要分为交流滤波器和直流滤波器。如图 5-1 所示，交流滤波器是接于换流站交流侧，用于无功补偿和吸收换流器交流侧谐波的装置；如图 5-2 所示，直流滤波器是连接在直流极母线与极中性线之间，用于滤除直流侧谐波的装置。

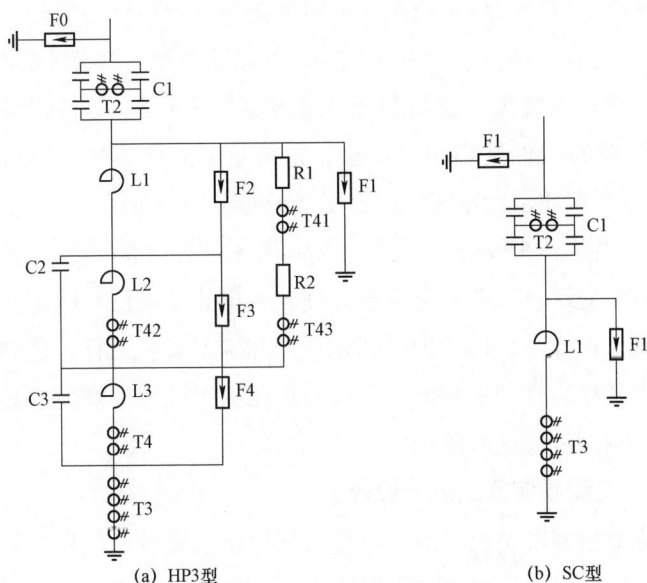

(a) HP3型　　　　　(b) SC型

图 5-1　交流滤波器典型接线图

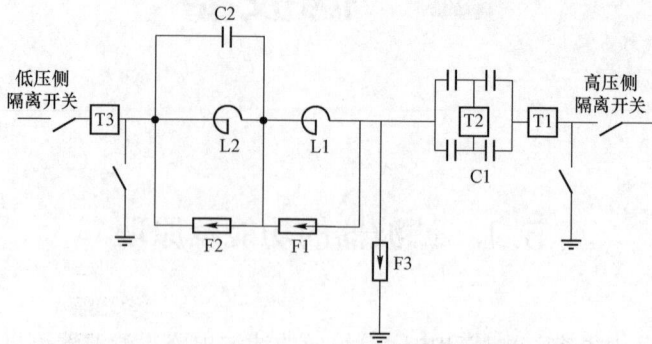

图 5-2 直流滤波器典型接线图

5.2 滤波器设备抗震技术

5.2.1 交流滤波器的抗震技术

5.2.1.1 交流滤波器的结构特点

交流滤波器通常由滤波电容器、电感线圈、电阻器，以及测量控制系统等组成。其中，滤波电容器、电感线圈和电阻器是滤波器的核心组件，通过对电流和电压的处理，有效抑制电力系统中的谐波和滤除杂波，以确保电力系统的稳定运行；而测量控制系统负责监测和调节滤波器的运行状态，确保其正常工作。

交流滤波器的组件结构相对复杂，尤其是滤波电容器（如图 5-3 所示）和电感线圈的布置通常比较密集，需要精确的连接和布局。这种复杂的组件结构需要设计合理的支撑和连接方式，以确保各部件之间的稳固性和可靠性。

此外，由于交流滤波器通常需要处理较大电流和电压，因此其支撑结构设计相对较大且重量较重，以保护内部元件，并确保安全运行。这种大型的支撑结构需要考虑其稳定性和承载能力，以防止在运行过程中发生不必要的震动或位移，从而影响滤波器的性能和安全性。

5.2.1.2 交流滤波器的抗震设计

针对交流滤波器的结构特点，可以采取以下抗震设计措施。

（1）结构稳固设计。交流滤波器的支撑结构应设计坚固，以减小地震作用下的响应。

（2）优化绝缘子设计。层间绝缘子应优化设计其结构和材料，提高其抗弯刚度和抗震性能，以减少地震引发的绝缘子断裂和损坏。

（3）设置减震和消能装置。考虑在滤波器的支撑结构中引入减震和消能装置，如减震支座、阻尼器等，以减小地震对滤波器结构的影响，提高其抗震性能。

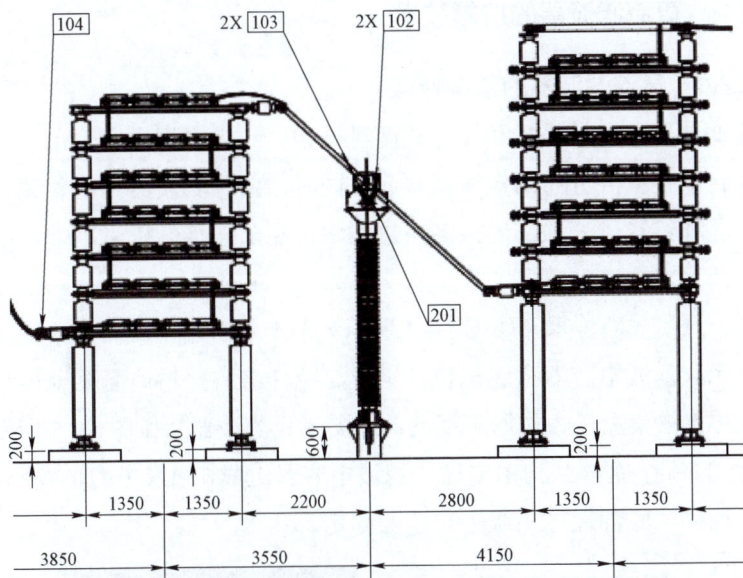

(a) 竖向剖面图

(b) 实物图

图 5-3　交流滤波电容器示意图

（4）优化电容器和电感线圈布置。合理设计滤波电容器和电感线圈的布置方式，确保其在地震条件下不易受到损坏，减少地震引发的谐波放大和电力系统波动。

（5）加固支撑结构。由于交流滤波器的支撑机构相对较大且重量较重，需要加固外壳结构，以防止在地震发生时发生不必要的位移和破坏。

5.2.2 直流滤波器的抗震技术

5.2.2.1 直流滤波器的结构特点

直流滤波器分为悬吊式和支撑式两种结构，均为多层电容器单元的布置，每层有 8 台双排平卧分布的电容器单元。同时，两种滤波器结构整体较高，均设有均压环和绝缘子，顶部连接高压进线端，底部连接低压引出端，中部引线连接不平衡光电电流互感器。

其中，悬吊式滤波器（如图 5-4 所示）采用单塔悬吊式布局，结构由门式钢架、悬吊式滤波电容器和底部拉杆组成。拉杆将塔架与地面采用预紧力拉紧固定，以防止塔架在风力作用下摆动；而支撑式滤波器（如图 5-5 所示）采用三塔支撑式布局，整体结构由支撑式滤波电容器组成，绝缘子的抗弯刚度较大，采用螺栓连接，底部通过绝缘子与地面固定。

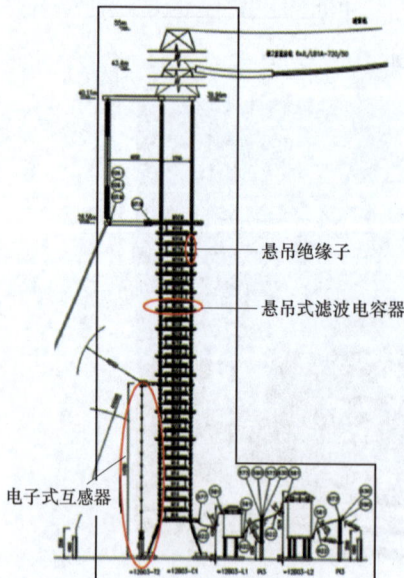

(a) 接线图

(b) 安装图

图 5-4　悬吊式直流滤波器

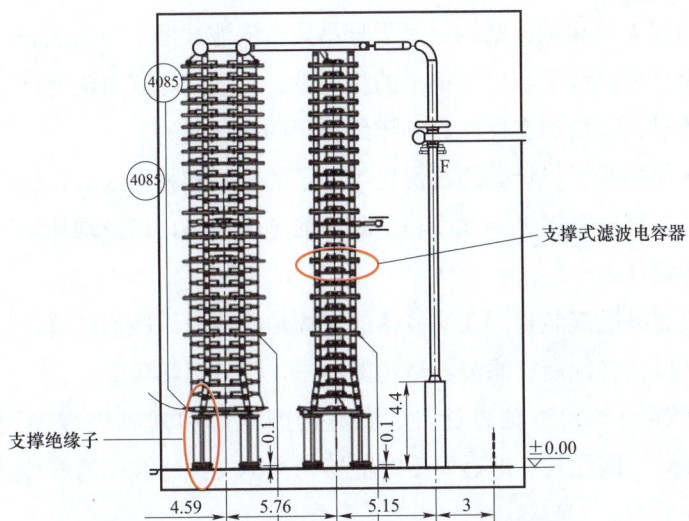

(a) 接线图

(b) 安装图

图 5-5　支撑式直流滤波器（非新松站）

5.2.2.2　直流滤波器的抗震设计

针对直流滤波器的结构特点，可以采取以下抗震设计措施。

（1）加固支撑和悬挂结构。对于悬吊式直流滤波器，应当加强悬挂结构的设计，确保悬挂绝缘子和门式钢架的稳固性。对于支撑式直流滤波器，应强化支撑结构的设计，增加支撑柱和支撑绝缘子的抗震能力。

（2）优化绝缘子设计。通过优化绝缘子的结构和材料选择，提高其抗震性能和耐久性。可以采用更高强度和更耐久的绝缘材料，以及增加绝缘子的壁厚和优化外形设计。

（3）设置减隔震装置。在滤波器的支撑结构中引入减震装置，如减震支座或阻尼器，以减轻地震对滤波器结构的冲击，降低损坏风险。

（4）加强地基和基础设计。对滤波器的地基和基础进行加固设计（如图 5-6 所示），确保其在地震发生时能够稳固地支撑滤波器的整体结构，减少地震对其的影响。

(a) 电阻器地基

(b) 电抗器地基

图 5-6　加固设备地基

（5）定期检查和维护。建立定期检查和维护机制，对滤波器及其支撑结构进行定期检查和保养，及时发现和处理潜在问题，确保滤波器的稳定性和安全性。

5.3 滤波器设备设施运维要求

5.3.1 日常巡维

（1）外观检查：定期检查交直流滤波器的外观，包括瓷套/复合绝缘外套的完好性、外部涂漆的状态等，确保没有破损、裂纹或变形，并且表面清洁；注意观察外壳是否有鼓肚、膨胀变形、接缝开裂、渗漏油等异常现象。

（2）引线检查：对电容器的各连接线、等电位线和接地线进行检查，确保紧固状态良好，没有松脱、断股和锈蚀；检查母线及引线的松紧适度，保证设备连接处无松动。

（3）接地检查：定期检查接地引线，确保无严重锈蚀和松动，保持良好的接地状态。

（4）支柱绝缘子检查及清污：定期检查支柱绝缘子的外观，确保无损坏、放电痕迹，必要时进行清污。

（5）电容器检查：对电容器进行外观检查，确保无变形、鼓胀、渗油、喷油等现象，必要时进行清污；定期检查接线端头螺母、垫圈，保证紧固可靠。

5.3.2 专业巡维

（1）噪声监测：监测交直流滤波器的噪声水平，确保在正常范围内，有助于发现潜在故障。

（2）红外检测：进行红外检测（如图 5-7 所示），监测电容器外壳及接头的温度，确保符合 DL/T 664—2016《带电设备红外诊断应用规范》的要求，及时发现异常情况。

（3）数据分析：对各仪器收集数据进行汇总分析，如油色谱数值、使用期间温度变化记录等，分析其是否适宜继续使用，是否需要更换或保养；对于分析结果应以纸质和电子双份保存。

图 5-7 红外检测

5.3.3 动态巡维

（1）参数检测：定期测量各臂等效电容值、单只电容器电容值、电阻器直流电阻、电抗器电阻和电感等参数，确保其符合制造厂规定。

（2）红外感知：利用红外技术对设备外壳及接头进行温度监测，及时发现异常情况，保障设备安全运行。

5.3.4 停电维护

（1）电阻器直流电阻测量：定期抽取 10%电阻器的直流电阻测量，与出厂值比较，偏差不超过±5%，并进行红外检测，发现异常时进行修复。

（2）耦合电容器的介质损耗 tanδ 测量：定期抽取 10%的耦合电容器进行介质损耗 tanδ 测量，确保其在规定范围内，符合油纸绝缘和膜式复合绝缘的要求。

（3）调谐特性测量：必要时按照标准要求进行调谐特性测量，保证频率与设计值相比不超过±1%。

（4）极对壳绝缘电阻测量：对极对壳抽取 10%进行绝缘电阻测量（如图 5-8 所示），确保不低于 2000MΩ，及时发现问题并进行处理。

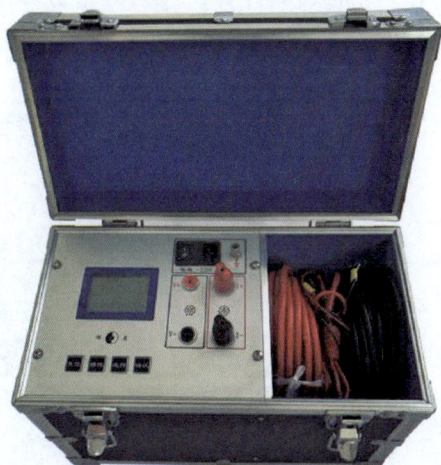

(a) 电阻器   (b) 直流电阻测试仪

图 5-8 电阻器测量直流电阻

5.4 滤波器设备设施检测方法

5.4.1 概述

滤波器设备检测是为了评估和确保直流滤波器、交流滤波器设备在地震发生时能够正常运行，并最小化地震对设备的损害。通过开展滤波器设备的抗震性能检测，有利于提高滤波器设备在地震等极端情况下的抗震性能，确保电力系统的稳定运行。通过及时发现和修复潜在问题，延长滤波器设备的使用寿命，减少维护成本。此外，为换流站的风险管理提供科学依据，降低事故发生的可能性，保障电力设备的安全性，防范地震等外部因素可能带来的损害。滤波器整体布置图如图 5-9 所示。

为了实现上述目标，可对滤波器设备采用多层次、多角度的检测方法，从动态特性到结构完整性进行全面检测和评估，主要包括以下内容。

（1）力学特性测试：通过锤击法基频测试，评估滤波器的结构特性和动力参数，为抗震支撑系统提供基础数据。

（2）结构仿真计算：应力分布仿真计算通过有限元模型，全面分析滤波器设备在地震动输入下的应力分布和易损性曲线。

图 5-9　直流滤波器整体布置图

（3）变位检测：利用外部和内部变位检测方法，全方位评估滤波器设备的位移变形情况，分析其对电气性能的潜在影响。

（4）缺陷检测：包括超声波检测等方法，通过不同角度和深度检测设备和龙门架表面、内部的缺陷情况。

本章节的主要目的在于系统地介绍滤波器（直流滤波器、交流滤波器）抗震设施检测的各项方法和技术。通过深入研究这些方法，旨在为电力行业提供一套完善的抗震设施检测方案，从而确保电力系统在地震等极端情况下的稳定运行。本章节内容为滤波器（直流滤波器、交流滤波器）抗震设施检测方案的制定提供了一定的理论支持。

5.4.2 检测要求及准备

5.4.2.1 检测要求

1. 试验环境条件要求

（1）环境温度：0~40℃。

（2）天气条件：宜晴天。

（3）相对湿度：不大于60%。测试现场周围空气中没有显著的灰尘、烟雾、腐蚀性气体、蒸汽、烟雾污染物或沙尘。

2. 检测设备性能要求

（1）力锤、激振锤用配件：选择适用于力锤和激振锤的配件，确保其与检测设备的配合性和稳定性，包括但不限于触发器、传感器等。

（2）超声波探伤耦合剂：选择符合相关标准的超声波探伤耦合剂，确保其与检测设备的兼容性和稳定性。

5.4.2.2 检测准备

1. 滤波器设施检查

（1）在进行检测前，对所有待检测设备进行详细的外观检查和尺寸测量，确保样品表面光滑，无裂纹、变形等缺陷，并符合相关标准和规范的要求。

（2）表面处理：根据不同检测方法的要求，对直流场设备的表面进行必要的处理，包括清洗、涂覆渗透剂等，以确保检测的有效性和准确性。

（3）标记和标定：对待检测设备进行明确的标记，包括但不限于样品编号、材质、生产日期等信息。对检测设备进行合适的标定，确保测量结果的准确性。

2. 检测设备

（1）超声波检测：超声波检测仪。

（2）锤击法基频测试：力锤、动态采集仪、加速度传感器等。

（3）变位检测：标尺、游标卡尺、水平仪、全站仪等。

3. 设备检查及人员培训

（1）在进行检测前，应对所有检测设备进行仔细检查，确保其正常工作状态。力锤、激振锤等应经过定期校准和检验，确保其精度和灵敏度符合检测要求。

（2）检测人员培训：检测人员应接受相关培训，了解检测流程、设备操作、安全事项等内容，确保检测的科学性和安全性。同时，检测人员应持有相关资质证书，符合国家规定的从业资格要求。

4．设备检测记录

检测应该全面覆盖滤波器的各个方面，包括结构、地基、电气元件等，以确保所有潜在问题都能被及时发现。检测结果应该具有可追溯性和可复制性，检测过程应该详细记录，并且检测方法应该是可重复的，以确保检测结果的可靠性和可信度。

5.4.3　检测类别

5.4.3.1　设备结构稳定性检测

电气设备结构稳定性检测是确保设备在运行过程中能够安全可靠运行的关键步骤之一。这种检测通常包括外观检测、变位检测、锈蚀检测等多个方面的考察。

（1）外观检测：通过外观检测评估设备整体外观状况，采用肉眼或望远镜等仔细观察滤波器设备的各个部位，包括电容器、支柱绝缘子、龙门架等结构部件，以及连接部位是否存在明显的松动、裂缝、变形或腐蚀迹象，以确保设备外部结构完好且满足运行要求，如图 5-10 所示。

图 5-10　滤波器外观检测

（2）变位检测：采用全站仪对滤波器（直流滤波器、交流滤波器）关键部位（如滤波器顶部、滤波器悬吊绝缘子、滤波器根部张拉绝缘子、龙门架横梁等）开展变位检测，如图 5-11 所示。对各个部位的位置、角度进行检测，检查其是否发生异常的位移或变形，确保对滤波器的位移变形情况进行全方位的评估。

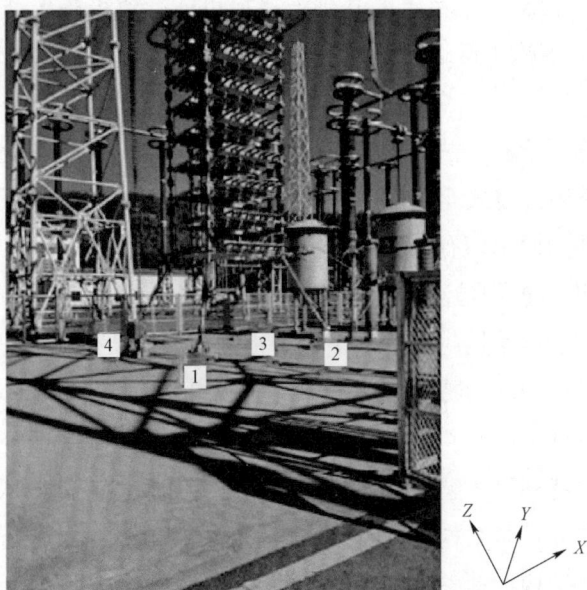

图5-11　滤波器根部张拉绝缘子测量点

（3）锈蚀检测：针对设备的金属部件，进行锈蚀检测是至关重要的。使用相关技术（如超声波检测等），检查设备的金属表面和内部是否存在锈蚀，以保证设备的电气连接和结构完整性。

5.4.3.2　设备地基稳固检测

设备地基稳固检测是确保设备在其支撑基础上能够安全、稳定运行的关键步骤。这种检测通常涵盖多个方面，包括地基沉降检测、螺栓连接稳定性检测和基础连接板水平度检测等。

（1）地基沉降检测：通过监测设备支撑基础的沉降情况，评估地基的稳定性。地基沉降可能是地下土壤的沉降或不均匀沉降引起的，因此对设备周围地基的沉降进行定期检测，有助于发现并解决潜在的不均匀沉降问题。

（2）螺栓连接稳定性检测：对设备上的连接螺栓部位进行检测，确保其紧固力和连接稳定性。定期检查螺栓是否存在松动、腐蚀或损坏，以及连接处是否存在异常振动，有助于保持螺栓连接的稳定性，减少因连接松动而引发的结构问题。

（3）基础连接板水平度检测：检测设备基础连接板的水平度，确保设备在运行时处于水平状态。不稳定的基础连接板可能导致设备振动、偏移或不均匀负载，影响设备的正常运行。水平度检测通常可以通过水平仪或激光水平仪等工具进行。

这些地基稳固检测方法共同确保设备在其支撑基础上具有足够的稳定性，能够在各种条件下保持安全运行。检测的频率和方法可能根据设备类型、地理条件和制造标准的要求而有所不同。

5.4.3.3　设备损伤检测

随着特高压输电结构越来越复杂，结构的动力特性也就显得越来越重要，一方面，通过对结构动力特性优化设计，使结构处于良好的工作状态，保证了结构的安全可靠性，延长了结构的使用周期，减少了对环境的干扰；另一方面，通过结构的动力特性可了解复杂结构的结构性能和技术性能，从而做出科学的技术评定。模态分析是结构动力特性分析的一种手段，通过分析工程结构的模态特性，可建立结构在动态激励条件下的响应，预测结构在实际工作状态下的工作行为及其对环境的影响。

滤波器设备由支柱绝缘子及每层的电容器等组成（直流滤波器还包括龙门架、悬吊绝缘子、底部拉杆等），其高度高，结构特性较柔，基频低，在地震作用下容易发生类共振效应，从而产生较高水平的地震响应，而结构一旦产生损伤，其动力特性会随之发生改变，最终会反映在结构基频和结构振型的变化，故可对滤波器设备进行动力特性检测，开展基频检测和模态分析，以此评估设备的损伤状态。

动态数据的采集及频响函数或脉冲响应函数的分析主要包括以下方法。

（1）激励方法。试验模态分析是人为地对结构物施加一定动态激励，采集各点的振动响应信号及激振力信号，根据力及响应信号，用各种参数识别方法获取模态参数。激励方法不同，相应识别方法也不同，主要有单输入单输出、单输入多输出、多输入多输出三种方法。以输入力的信号特征还可分为正弦慢扫描、正弦快扫描、稳态随机（包括白噪声、宽带噪声或伪随机）、瞬态激励（包括随机脉冲激励）等。

（2）数据采集。方法要求同时高速采集输入与输出两个点的信号，用不断移动激励点位置或响应点位置的办法取得振型数据。方法要求大量通道数据的高速并行采集，因此要求大量的振动测量传感器或激振器，试验成本较高。

（3）时域或频域信号处理。例如谱分析、传递函数估计、脉冲响应测量，以及滤波、相关分析等。

检测案例：

选取力锤时应考虑被测设备自重以产生有效激励，同时应根据所关心的频率范围选择锤头材料，锤头越硬，所激发模态阶数越多，锤头越软，则有利于激发低频区间的模态，锤头材料的选取应当保证振动信号频响函数峰值附近的相干函数值至少大于 0.75，才能保证设备响应基本由力锤激励引起，对于复合材料设备可选用橡胶锤头。加速度传感器的考虑因素主要是频响范围和灵敏度，其频响范围应包括所关心的频率范围，同时灵敏度不宜过高，否则容易导致传感器内部信号调理部分受到饱和冲击，导致响应信号畸变失真。对滤波器进行动力特性检测时，其加速度计布置点及锤击点如图 5-12 所示。

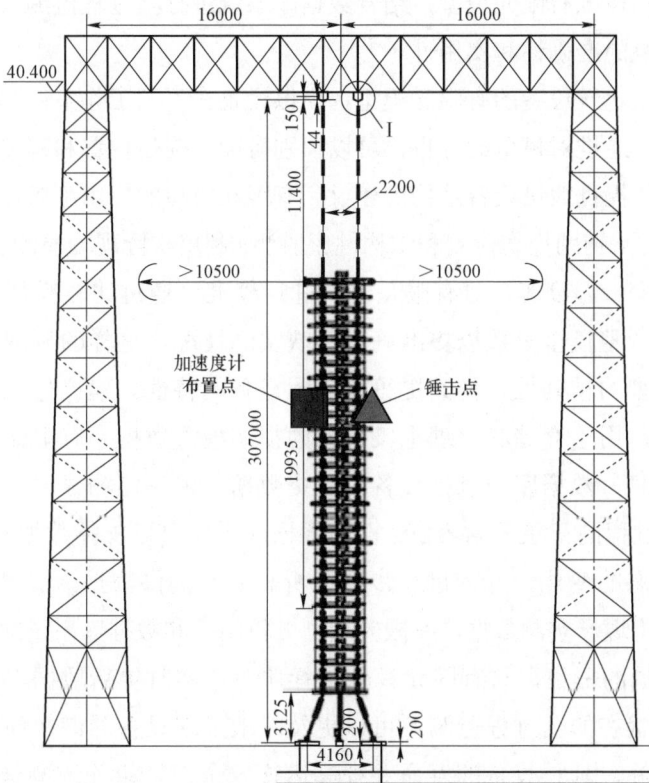

图 5-12　滤波器动力特性检测

响应信号与激励信号的传递函数反映了结构对信号的传递特性，传递函数会放大自振频率附近的幅值，峰值点对应频率值为结构与激励信号的共振频率，可通过半功率带宽衰减系数求出设备自振频率。通过传递函数幅频曲线可得到结构主要频谱特性，但曲线中也存在其他因素导致的频率成分，准确得到设备的模态频率还需采用模态参数识别方法进行识别。通过锤击试验可获得加速度时程，如图 5-13 所示。

滤波器设备的传递函数幅频曲线如图 5-14 所示，可以看出，直流滤波器设备的结构自振基频很小，在 0.2Hz 以内，处于地震波的卓越频率范围内，阻尼比较小，地震作用下设备容易发生共振，地震作用下悬吊绝缘子的响应较大。

5.4.3.4　模拟仿真技术应用

有限元模型在电气设备损伤检测中的应用是一种有效的工程方法，可通过模拟和分析设备的结构响应，帮助识别潜在的损伤或结构问题。此外，使用现场检测的数据校准有限元模型，结合数据库系统进行全过程监测，可以进一步提高损伤检测的准确性和实用性。

通过建立电气设备的有限元模型，模拟设备在不同工作条件和外部负荷下的结构响应。通过对模型的分析，可以识别可能的损伤位置和程度，预测结构的稳定性，并提供改进设备结构的建议。有限元模型的应用可以在不破坏实际设备的情况下，辅助损伤检测和结构健康监测。利用实际现场检测获取的数据，如振动、应变、温度等，对有限元模型进行校准。通过比较模型预测结果与实测数据，调整模型参数以更准确地反映实际情况。这样的校准过程可以提高有限元模型的精确性，使其更符合实际设备的特性。建议建立一个专门的数据库系统，用于存储和管理电气设备的损伤检测数据、有限元模型及其校准数据等信息。数据库应包括设备的历史数据、现场监测数据、有限元模型文件、校准过程的记录等内容。这样的数据库系统可以支持数据的长期保存，跟踪设备状态的变化，并为进一步的分析和决策提供依据。实现全过程监测需要综合运用现场实测数据、有限元模型分析结果和数据库系统的信息。定期进行实测数据的采集，与有限元模型进行比对，实时更新数据库中的信息。通过对损伤状态的全过程监测，可以更及时地发现设备的潜在问题，采取预防性维护措施，延长设备的寿命并提高运行安全性。相关滤波器有限元模型如图 5-15 所示。

(a) 第一次锤击

(b) 第二次锤击

(c) 第三次锤击

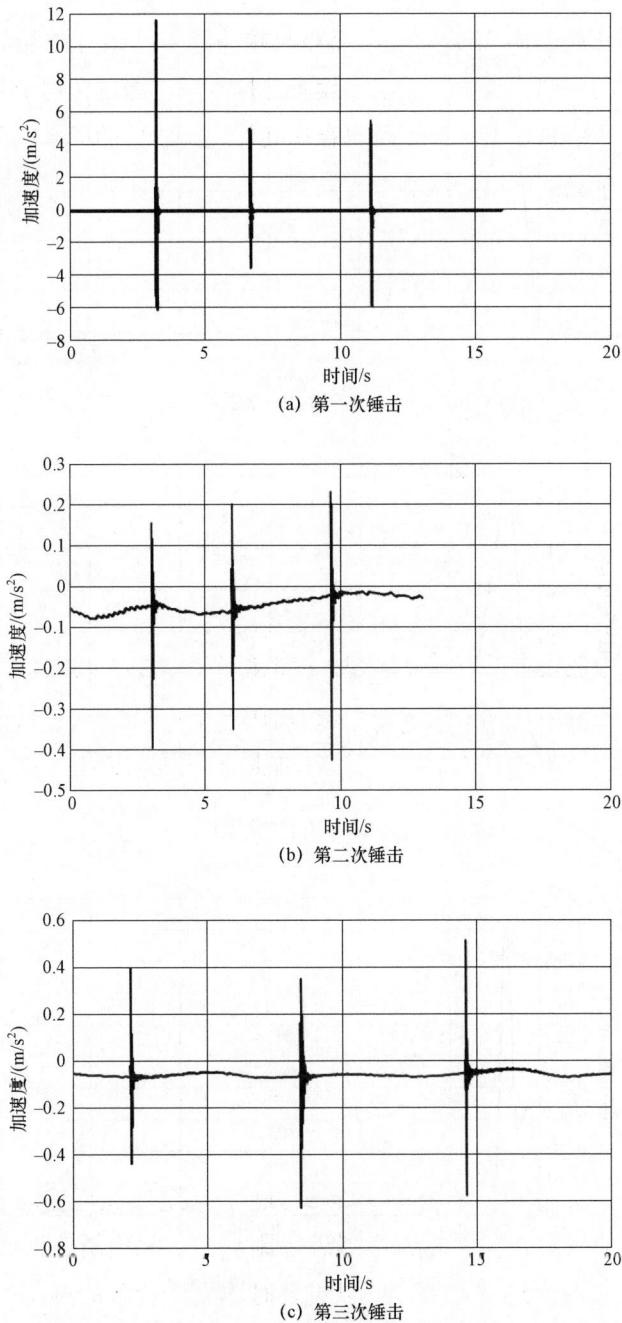

图 5-13 单次锤击试验加速度时程图

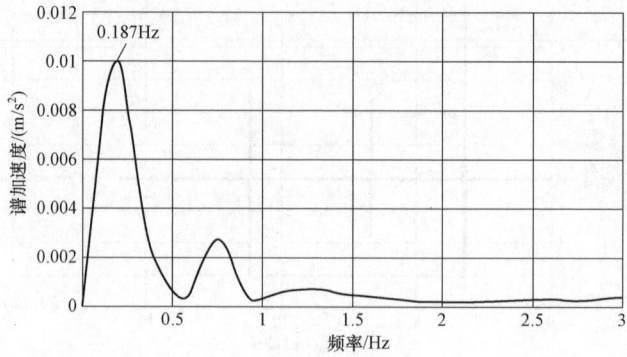

(a) 第一次锤击

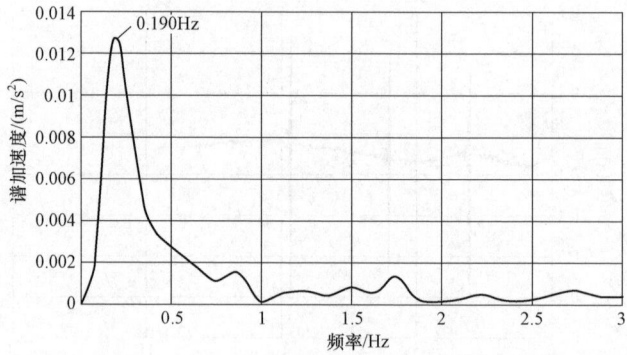

(b) 第二次锤击

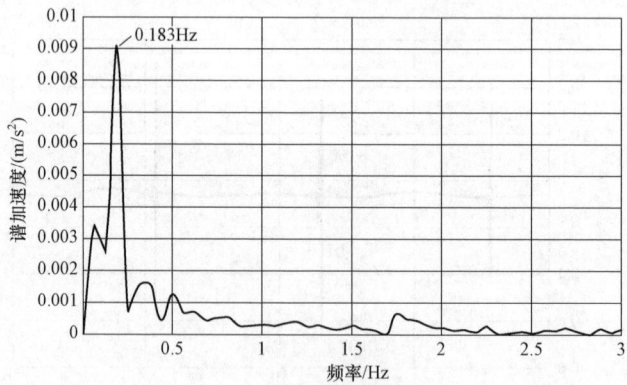

(c) 第三次锤击

图 5-14　单次锤击试验频谱图

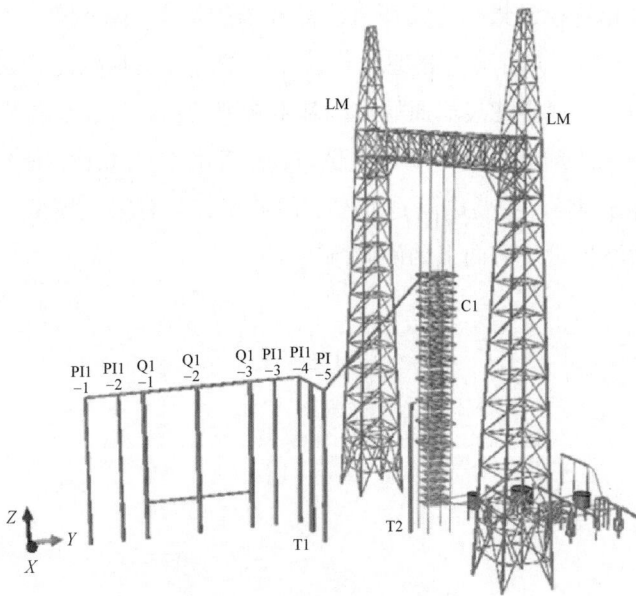

(a) 滤波器有限元模型一

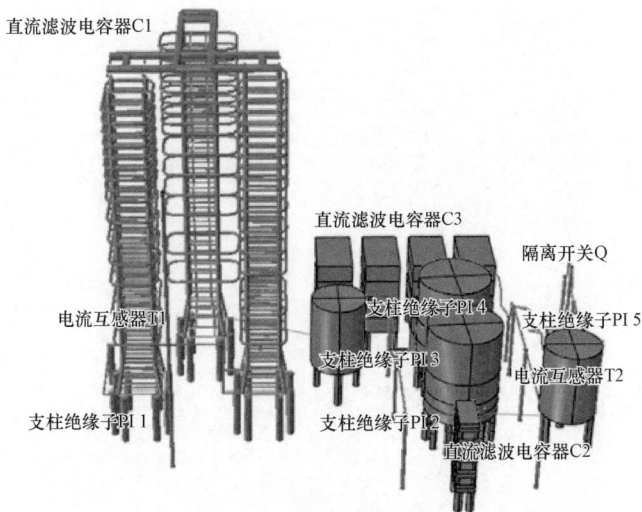

(b) 滤波器有限元模型二

图 5-15　滤波器有限元模型

检测案例：

根据有限元建模结果，特高压直流滤波器的基本频率较低，为 0.180Hz，基本周期为 5.556s，属于典型的悬挂结构，主要的振型形状是滤波器的弯曲，悬吊绝缘子的存在使得滤波器原始结构基本频率较低，设备变得更柔。对于有限元和实际测试的结果可知，动力测试三次的平均值为 0.187Hz，相较于有限元的频率增加了 4%，主要原因是外部龙门架相较于有限元模型，额外提供了悬挂式直流滤波器水平方向上的侧向刚度。

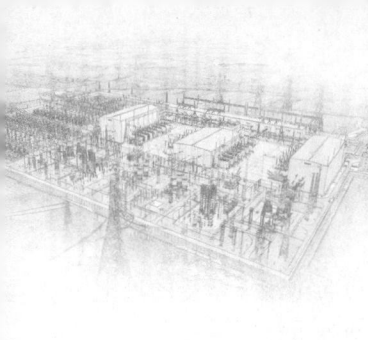

6 交流场支柱类设备

6.1 交流场简述

换流站交流场（如图 6-1 所示）由断路器、隔离开关/接地开关、电压互感器、电流互感器、避雷器、母线等设备构成。

图 6-1 交流场

（1）断路器：能够关合、承载和开断正常回路条件下的电流并能在规定的时间内关合、承载和开断异常回路条件下的电流的开关装置。

（2）隔离开关：在分闸位置能够提供符合规定要求的隔离距离的机械开关装置。

（3）接地开关：为了安全，换流站内用于将相导体接地的专用隔离开关。

（4）电压互感器：电压互感器是一种把电网中的高电压转化为低电压，便于监视和测量的高压设备。

（5）电流互感器：依据电磁感应原理将一次侧大电流转换成二次侧小电流

来测量的仪器。

（6）避雷器：避雷器是一种释放过电压能量、限制设备绝缘上承受的过电压幅值的保护设备，通常接于导线和地之间，与被保护设备并联。

（7）母线：可以连接多个电气回路的低阻抗导体。

为有效地减小设备的体积，提高设备的绝缘强度，减少绝缘距离，实现高电压设备的紧凑设计，将这些组件或设备全部封闭在充满 SF_6 气体的金属接地的外壳中，构成气体绝缘开关设备（GIS）或气体绝缘金属封闭输电线路（GIL）。

6.2　交流场支柱类设备抗震技术

交流场支柱类设备是指换流站中采用支柱绝缘子进行支撑绝缘的设备，其在换流站中数量庞大，这类设备从外形上就可以简单分辨，一般是由下部的支架和上部的支柱绝缘子，以及顶部结构构成，由于抗震性能较为相似，为便于描述，可以将这些设备统称为"支柱类电气设备"，如断路器、避雷器、隔离开关、支柱绝缘子等。图6-2为典型支柱类设备图。

(a) 隔离开关

(b) 避雷器

图6-2　典型支柱类设备图

6.2.1　交流场支柱类设备结构特点

（1）质量较大、重心较高：支柱类设备的上部结构通常具有较大的重量与较高的重心，例如上部极柱等部件，而下部支架相对较轻。这导致支柱类设备整体呈现"头重脚轻"的特点，重心较高，类似于典型的悬臂结构，图 6-3 所示的隔离开关就是典型的质量大、重心高的设备。

图 6-3　典型隔离开关设备图

（2）悬臂构件：支柱类设备的绝缘子可以被视为悬臂构件，其中极柱顶部的位移响应和套管根部的应力响应在地震作用下较为剧烈。这种结构特点增加了支柱类设备在地震情况下受到的挑战，容易引起母线拉断、套管破坏等破坏，图 6-4 为具有悬臂结构的典型断路器设备图。

（3）结构高度明显：支柱类设备整体在高度方向的尺寸明显大于另外两个方向，这也是典型的悬臂构件特征之一，如图 6-5 典型旁路开关所示。

（4）材料易裂、易断：支柱类设备的套管通常使用陶瓷等脆性材料，这在地震情况下更易发生裂纹或断裂，增加了结构的脆弱性，图 6-6 为典型平波电抗器示意图。

（5）在地震发生时容易发生共振现象：支柱类设备具有典型的细长悬臂结构特征，其固有频率为 1~10Hz，与地震波的卓越频率接近，很容易发生共振现象。

（6）设备顶部有较大结构质量：不同设备种类的顶部具有不同的结构部件，支柱绝缘子和避雷器等设备顶部具有均压环布置，支柱类电气设备如旁路开关和隔离开关等顶部除均压环外还布置有横向绝缘子结构，这往往导致支柱类设备"头重脚轻"。

图 6-4 典型断路器设备图

图 6-5 典型旁路开关设备图

图 6-6 典型平波电抗器设备图

（7）顶部位移：由于支柱类设备"高柔"的结构特征，常常因地震导致顶部位移过大，而发生母线牵拉力过大引起的牵拉破坏。

6.2.2 交流场支柱类设备抗震设计

（1）支柱类设备结构设计：考虑地震作用下的应变分布，有针对地设计支撑结构，确保其能够承受强烈地震的冲击。引入柔性支撑系统，减缓地震引起的振动，提高整体结构的抗震性能。图6-7为格构式框架设计的避雷器设备。

图6-7 避雷器格构式框架

GIS/GIL设备通过采用合适的结构设计和布局，确保GIS/GIL设备的重心尽可能低，减小地震时受到的倾覆和滑动力。GIS/GIL设备外壳和支撑结构应设计坚固，加强法兰自身刚度和法兰加劲肋数量，以减小地震作用下的响应；对升高座-套管部分进行加固，限制升高座的地震响应，减小对上部套管的放大效应。图6-8为接地开关设计图。

图 6-8 GIS 设备接地开关设计

（2）材料选择：采用抗震复合材料对支柱类设备的瓷套管进行更换，提高其整体刚度和耐震性，提高材料强度，减缓地震冲击，避免发生破坏。对于法兰盘连接处，应加强法兰自身刚度和法兰加劲肋数量。必要时对支柱类设备套管进行加固。

（3）加装伸缩节：在 GIS 或 GIL 管道上合适位置加装伸缩节，可以吸收地震、地陷对管道的变形量和应力，可以使封闭组合电器在地震发生时具有一定的柔性和抗震能力，从而减少设备的损坏和维修成本。图 6-9 为 GIL 中伸缩节。

图 6-9 GIL 中伸缩节

（4）加强基础和地基设计：对地基和基础进行加固设计，确保其在地震发生时能够稳固地支撑支柱类设备的整体结构，减少地震对其影响。对 GIS/GIL 设备的关键连接件（如螺栓、法兰等）进行加固设计，确保其在地震情况下不会发生松动或断裂，维持设备的整体稳定性。图 6-10 为经过基础加固的交流场设备。

图 6-10 交流场基础加固

（5）加装减隔震装置：对于难以改造或者加固不适用的支柱类设备，可以采用减隔震技术提升支柱类设备的抗震性能，如采用滑动摩擦摆隔震支座、钢丝绳阻尼器等，可以有效降低结构的地震响应。图 6-11 为常用的黏滞阻尼器与钢丝绳阻尼器隔震装置图。

（a）阻尼器

图 6-11 典型减隔震装置图（一）

(b) 断路器

图 6-11　典型减隔震装置图（二）

在 GIS/GIL 设备的基础上设置防震支撑结构（如图 6-12 所示），能够有效地吸收和减小地震产生的冲击力，降低设备的振动幅度。同时，增强 GIL 设备支撑结构的温度性能，合理确定斜撑角度与材料，可以提高设备的抗倾覆能力。

图 6-12　GIS/GIL 设备隔震支撑图

（6）定期检查和维护：建立定期检查和维护机制，对支柱类设备及其支撑结构进行定期检查和保养，及时发现和处理潜在问题，确保支柱类设备的稳定性和安全性。

（7）模拟测试与验证：在设计阶段进行地震模拟测试，验证设计方案的可行性和抗震性能，确保支柱类设备在地震条件下的安全可靠性。

6.3　交流场支柱类设备设施运维要求

6.3.1　日常巡维

（1）定期检查设备外部外壳，确保无明显的损伤、腐蚀或渗漏。图 6–13 为电流互感器外壳巡视。

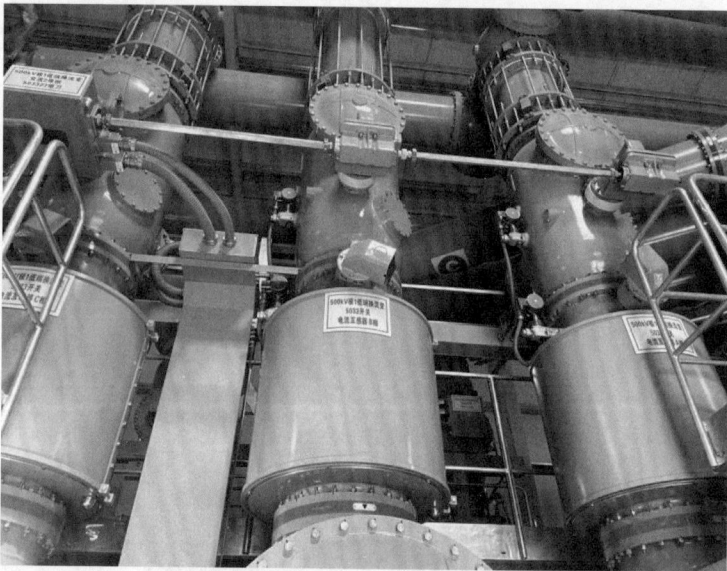

图 6–13　电流互感器外壳巡视

（2）检查减隔震装置的八角板是否存在明显的切斜、弯曲，检查底部压缩弹簧是否存在明显变形，阻尼器是否存在明显渗漏油。

（3）检查支柱类设备与支架是否发生明显的相对位置变化，格构式支架是否发生倾斜或倾斜角度发生明显变化，支架固定件焊接部分是否存在裂痕。

图 6-14 为电压互感器支架巡视图。

图 6-14　电压互感器支架巡视

（4）检查支柱类设备油管线路是否存在明显拉伸、挤压等受力情况，是否存在渗漏油。

（5）检查支柱类设备操动机构、连接器件等机械部件的连接件，如螺栓、螺母等，确保连接紧密，无松动，运动部件灵活可靠。

（6）检查支柱类设备的接触器，确保接触点干净、无氧化，保证正常导电。

（7）检查支柱绝缘子套管与支架法兰连接部位、横向支架与支撑连接部位，基础连接部位等重要连接部位的焊缝是否存在裂痕。图 6-15 为 GIL 设备管形母线巡视图。

（8）对 GIL 和 GIS 设备水平、竖向转角处的管道进行检查，确保无明显裂纹。检查 GIL 管道的气密性，确保气密性良好，无泄漏。

（9）检查 GIL 支架与基础间调平螺栓的高度，确保支架稳固。清理冷却系统中的灰尘和杂物，以维持正常的散热效果。

图 6-15　管形母线检查

6.3.2　专业巡维

（1）对支柱类设备连接部分进行更深入的检查，包括焊缝、连接板等，确保其结构完整性；如发现连接部位存在裂纹，及时采取修复或更换措施。

（2）进行支柱材料性能测试，包括硬度、强度等，验证支柱材料是否符合设计要求；根据测试结果，制定合理的维护和修复计划。

（3）使用全站仪或水准仪测量支柱类设备、GIS/GIL 设备与支架是否存在明显的倾斜、变形。检查减隔震装置底部的压缩弹簧是否存在明显变形。图 6-16 是针对进线套管变形量的测量图。

（4）检查减隔震装置底部的阻力器是否存在明显渗漏油；检测八角板的整体水平及局部弯曲程度，并记录数据。

（5）对支柱类设备进行振动分析，检测机械部件的振动频率和幅度，判断机械运动是否存在异常。

图 6-16　进线套管变形测量

（6）对各仪器收集数据进行汇总分析，如油色谱数值、使用期间温度变化记录等，分析其是否适宜继续使用，是否需要更换或保养。对于分析结果应以纸质和电子双份保存。

（7）使用全站仪或水准仪测量 GIS 及 GIL 设备是否存在明显的倾斜、变形。测量 GIS 及 GIL 设备伸缩节的长度，并记录数据。

6.3.3　动态巡维

部署实时监测系统，监测各类设备的运行状态，包括电流、电压、温度等参数。根据监测数据，评估支柱的抗震性能，及时发现可能存在的异常情况。

需结合不同的触发类型，展开不同的巡维类型。触发类别为Ⅰ级时，无须针对支柱类设备开展维护；为Ⅱ级时，应该对支柱类设备抗震设施开展停电维护和抗震性能鉴定，必要时进行加固；为Ⅲ级时，开展可见光观察巡视，对支柱类设备开展日常巡视要求；为Ⅳ级时，需展开性能检测、检修试验，检查各检测仪器数据是否正常，在此基础上展开动力特性试验，采集基频等结构特征数据，并与上次停电维护记录数据对比，对比以前有限元模拟数据检测其状态；为V级时，需展开停电维护，召集专业电气与结构人员对特定设备进行研究分析，确定是否适宜继续使用或进行相应改造措施。

6.3.4　停电维护

（1）在停电状态下，全面检查设备的内部和外部结构，确保无损伤或老化；对设备的润滑系统进行检查和维护，保证其在正常运行时的润滑效果。

（2）利用停电维护的机会，对老化严重的结构或材料进行更换；考虑支柱系统的升级，采用新材料或结构设计，以提高整体的抗震性能。

（3）通过静力试验方法，测量弹簧刚度与设备变形测量，并进行阻尼器的恢复能力、塑性应变，以及设备整体变形的静力试验。

（4）对设备底部与地面连接部位开展裂纹检测及螺栓扭矩检查，并记录相关数据。同时，检查各个结构组成部分连接状态，例如螺栓是否松动、连接法兰是否有裂纹、基础沉降情况。

（5）通过拟静力试验方法，测量设备附件的减隔震装置的恢复能力、塑性应变，以及设备整体变形，通过数据处理和分析得到减隔震装置的运行状态和抗震性能。

（6）检测其可滑移表面清洁度，简单测试其力学性能参数，如摩擦系数是否维持可使用标准。

（7）对外部外壳进行清理和检查，确保其绝缘性能和外观完好。在停电状态下，根据需要对 GIS 设备的电气参数进行调整，以提高其抗震性能。

（8）通过压力试验方法，测量 GIL 和 GIS 管道的气密性。使用全站仪或水准仪检查 GIL 支架底板水平度，检查是否变形移位或弯曲变形，并记录信息。

6.4　交流场支柱类设备设施检测方法

6.4.1　概述

交流场设备主要包括断路器、隔离开关、电压互感器、电流互感器、支柱、

GIS/GIL、避雷器等采用支撑结构和上部电气设备组成的设备。在地震作用下具有较高的易损性，交流场设备抗震设施检测是为了评估和确保交流场设备在地震发生时能够正常运行，需要遵循一定的技术流程。

按照相关抗震设计标准，首先需要获取地震参数并制定检测计划。在该计划中，应采用多种方法对交流场设备进行全面评估，以确保其抗震性能和安全可靠性。这些方法包括有限元分析，即通过计算机模拟地震激励对设备结构的影响，评估其抗震性能，并提出可能的改进方案。同时，利用传感器记录地震激励下交流场设备的振动情况，以分析设备的动态响应，为进一步的结构健康监测提供基础。此外，采用非接触性检测方法，如红外热像检测和超声波检测，无须拆卸设备，发现设备内部缺陷。最后，应定期检查和维护、修复，以确保设备在地震发生时能够正常运行，并确保人员安全。

6.4.2 检测要求及准备

6.4.2.1 检测要求

1. 试验环境条件要求

（1）环境温度：0～40℃。

（2）天气条件：宜晴天，风力不宜大于 5 级。如遇雷电、雨、雪等天气，不宜进行测试。

（3）相对湿度：不大于 60%。周围空气中没有显著的灰尘、烟雾、腐蚀性气体、蒸汽、烟雾污染物或沙尘。

2. 检测设备性能要求

（1）力锤、激振锤用配件：选择适用于力锤和激振锤的配件，确保其与检测设备的配合性和稳定性。

（2）磁粉和磁粉探伤设备：选择适用于直流穿墙套管的磁粉和磁粉探伤设备，确保其对检测样品的缺陷检测具有高灵敏度和可靠性。

（3）超声波探伤耦合剂：选择符合相关标准的超声波探伤耦合剂，确保其与检测设备的兼容性和稳定性。

（4）红外热成像设备：选择检测精度高的红外热成像仪等，并注意该仪器要与现场工作环境匹配、具有便携性。

（5）气体成像仪：选择满足相关规范要求的气体成像仪，主要取决于站内

GIL/GIS 设备中采用的绝缘气体类型，常见仪器为 SF_6 气体成像仪，确保其对气体泄漏的检测具有高灵敏度。

（6）压力检测仪：选择适用于检测 GIL/GIS 压力数值的仪器，包括但不限于压力表等，确保其具有良好的检测能力。

6.4.2.2 检测准备

1. 交流场设备检查

（1）在进行检测前，对所有交流场设备进行详细的外观检查和尺寸测量，确保样品表面光滑，无裂纹、变形等缺陷，并符合相关标准和规范的要求。

（2）表面处理：根据不同检测方法的要求，对交流场设备的表面进行必要的处理，包括清洗、涂覆渗透剂、涂覆磁粉等，以确保检测的有效性和准确性。

（3）标记和标定：对交流场设备进行明确的标记，包括但不限于样品编号、材质、生产日期等信息。对检测设备进行合适的标定，确保测量结果的准确性。

2. 检测设备

磁粉探伤机（用于磁粉探伤）；超声波检测仪（用于超声波检测）；力锤、动态采集仪、加速度传感器等（用于锤击法基频测试）；扭矩扳手等（用于断路器力矩紧固测试）；红外热成像仪（用于红外热成像检测）；SF_6 气体成像仪、压力表等（用于气体泄漏检测）；标尺、游标卡尺、水平仪、全站仪等。

3. 设备检查及人员培训

（1）在进行检测前，应对所有检测设备进行仔细检查，确保其正常工作状态。力锤、激振锤、红外热像仪、超声波检测仪、气体成像仪等应经过定期校准和检验，确保其精度和灵敏度符合检测要求；压力表等应确保示数灵敏、量程合适。

（2）检测人员培训：检测人员应接受相关培训，了解检测流程、设备操作、安全事项等内容，确保检测的科学性和安全性。同时，检测人员应持有相关资质证书，符合国家规定的从业资格要求。

6.4.3 检测类别

6.4.3.1 设备结构稳定性检测

电气设备结构稳定性检测通常包括外观检测、变位检测、锈蚀检测等多个方面。通过外观检测，可以评估设备的整体外观状况，识别设备是否存在明显的损伤、裂缝、变形或异物积聚，以确保设备外部结构完整与安全。通过变位检测对设备各个部件的位置、角度进行检测，确保其在运行中没有发生异常的变形，如图6-17所示。常见的测量位置为支撑架、悬臂结构等。此外，对于GIL/GIS设备，通过变位检测可以初步评估结构气体泄漏的风险，实现早期预警。锈蚀检测则是使用相关技术如超声波、磁粉检测等，检查设备的金属表面是否存在锈蚀，以保证设备的电气连接和结构完整性。

图6-17　旁路开关变位检测

6.4.3.2　设备地基稳固检测

设备地基稳固检测是确保设备在其支撑基础上能够安全、稳定运行的关键步骤。这种检测通常涵盖多个方面，包括地基沉降检测、地基变形检测、地基周围环境检测、螺栓连接稳定性检测和基础连接板水平度检测等。

（1）地基沉降检测：通过测量设备基础在使用过程中的沉降情况，判断地基是否稳定。常用的检测工具包括测量仪器（如水准仪、全站仪等）和测量标志物（如测量点或测量管）。

（2）地基变形检测：检测地基是否发生变形，例如倾斜、扭曲等。这通常需要安装倾斜计、位移传感器或变形传感器等检测设备，实时检测地基的变形情况。

（3）地基周围环境检测：检测地基周围的环境条件，如地下水位、地表沉降、周边建筑物变化等，以评估这些因素对地基稳定性的影响。检测工具可以是水位计、地表测量仪器等。

（4）螺栓连接稳定性检测：对设备上的螺栓连接进行检测，确保其紧固力和连接稳定性。定期检查螺栓是否存在松动、腐蚀或损坏。

（5）基础连接板水平度检测：检测设备基础连接板的水平度，确保设备在运行时处于水平状态。

通过以上地基稳固检测方法，可以确保设备在其支撑基础上具有足够的稳定性，能够在各种条件下保持安全运行。

6.4.3.3 气密性检测

对于交流场设备的气密性问题，核心检测项目就是漏油检查、压力数值监测、气味监测等。针对漏油问题，通常采用人工巡视地面的方式进行检测。应该要定期巡视设备周围的地面，寻找可能的油渍或油迹。此方法依赖于人的观察力和经验，但在某些情况下可能存在盲区或检测不到的微小泄漏。为了提高检测效率和准确性，还可以利用摄像头监控油位表数据，如图 6-18、图 6-19

图 6-18　GIS 气压检测仪表

图 6-19 GIL 气压检测仪表

所示。通过安装摄像头并对油位表进行实时监测，可以随时观察油位是否有下降趋势。当监测系统检测到油位持续下降或异常变化时，可以发出预警信号，通知相关人员进行进一步检查和处理。另外，针对漏气问题，常见的监测方法监测 SF_6 气体的压力变化。SF_6 气体通常用于高压设备的绝缘和灭弧，在泄漏时会导致气压下降。因此，安装在设备上的压力表可以用来监测 SF_6 气体的压力变化。事先根据工作要求设置好安全阈值，用作预警触发的条件。如果监测系统检测到压力持续下降或异常变化，达到了阈值范围，就会触发预警机制，提示操作人员进行检查和维护。

除了人工巡视和传统监测方法外，若条件允许，应该积极引入机器人和图像监控技术的应用。通过安装在机器人或设备上的摄像头和传感器，实现自动化的监测和预警。机器人可以通过定位技术精确地移动到目标位置，利用图像处理和目标检测算法来读取相关表计的数值。同时，可以设置幅值和趋势的阈值，当监测到异常情况时，系统会自动发出预警通知，实现及时的故障排除和维护。

6.4.3.4 设备动力检测

对于对地震动敏感的设备而言，结构的动力特性显得尤为重要。通过对结构动力特性优化设计，可以使结构处于良好的工作状态，保证了结构的安全可靠性，延长了结构的使用周期，减少了对环境的干扰。同时，通过结构的动力特性可了解复杂结构的结构性能和技术性能，从而做出科学的技术评定。对于换流站交流场设备而言，动力检测的核心就在于结构物自振特性的测量。

测量结构物自振特性的方法很多，目前主要有稳态正弦激振法、传递函数法、脉动测试法和自由振动法。稳态正弦激振法是给结构以一定的稳态正弦激励力，通过频率扫描的办法确定各共振频率下结构的振型和对应的阻尼比。传递函数法是用各种不同的方法对结构进行激励（如正弦激励、脉冲激励或随机激励等），测出激励力和各点的响应，利用专用的分析设备求出各响应点与激励点之间的传递函数，进而可以得出结构的各阶模态参数（包括振型、频率、阻尼比）。脉动测试法是利用结构物（尤其是高柔性结构）在自然环境振源（如风、行车、水流、地脉动等）的影响下所产生的随机振动，通过传感器记录、经谱分析，求得结构物的动力特性参数。自由振动法是通过外力使被测结构沿某个主轴方向产生一定的初位移后突然释放，使之产生一个初速度，以激发起被测结构的自由振动。

通过半功率带宽衰减系数可求出设备自振频率。通过传递函数幅频曲线可得到结构主要频谱特性。以 GIS 出线套管动力检测为例加以说明，其中 GIS 套管的外观如图 6 − 18 所示。GIS 套管加速度时程及频谱曲线如图 6 − 20、图 6 − 21 所示，可以看出，GIS 套管整体设备在 1Hz 以内，处于地震波的卓越频率范围内，阻尼比较小，地震作用下设备容易发生共振，地震作用下响应较大。

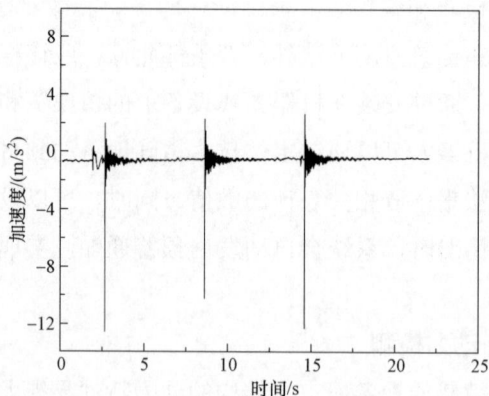

图 6 − 20 GIS 套管锤击加速度时程图

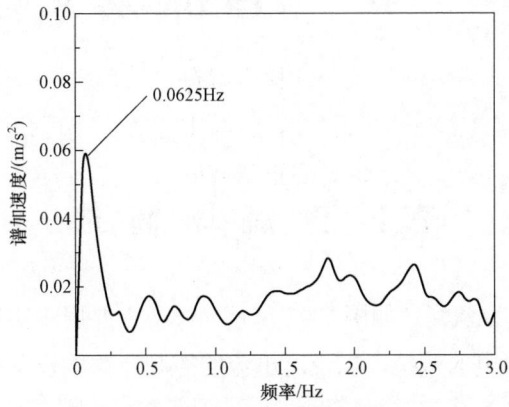

图 6-21　GIS 套管锤击频谱图

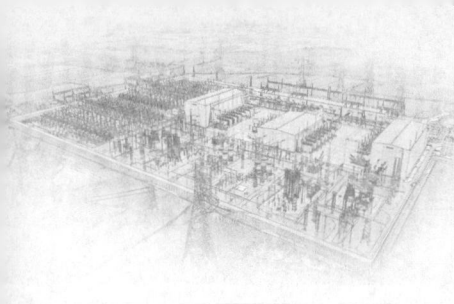

7 直流场支柱类设备

7.1 直流场简述

在换流站中，直流场（如图7-1所示）设备主要用于实现交流电到直流电或者直流电到交流电的转换，以及对电流的控制。这些设备在不同电网之间或者距离远的地方进行高压直流输电，以克服交流输电的一些限制。主要包括断路器、隔离开关、支柱、互感器、平波电抗器、避雷器等设备。采用柔性支撑、安装阻尼器、采用减震支座、加固基础、更换新型材料、设置预警系统等方法是直流场设备常见、典型的抗震措施及设计。

(a) ±500kV 直流场　　　　　　　　　(b) ±800kV 直流场

图 7-1　直流场

7.2 直流场支柱类设备抗震技术

7.2.1 直流场支柱类设备结构特点

（1）直流断路器（如图7-2所示）：直流断路器的上部结构通常具有较大的质量，例如上部极柱等部件，而下部支架相对较轻，这导致断路器整体呈现

"头重脚轻"的特点，重心较高，可以被视为悬臂构件。其中极柱顶部的位移响应和套管根部的应力响应在地震作用下较为剧烈，这种结构特点致使断路器在地震情况容易发生母线拉断、套管破坏等。断路器整体在高度方向的尺寸明显大于另外两个方向，这也是典型的悬臂构件特征之一。断路器的套管通常使用陶瓷等脆性材料，在地震情况下更易发生裂纹或断裂，增加了结构的脆弱性。

图 7-2　直流断路器典型结构

　　（2）直流隔离开关（如图 7-3 所示）：隔离开关具有典型的细长悬臂结构特征，其固有频率为 1～10Hz，与地震波的卓越频率接近，很容易发生共振现象。隔离开关具有横向结构，质量较大的隔离开关通常放置于钢支架上，往往显得"头重脚轻"。又因为支柱绝缘子较长，在地震作用下其根部会产生较大的应力，绝缘子材料又多用陶瓷、复合材料，其强度较低，往往承受不了如此大的弯矩而发生断裂、损坏。另外，隔离开关也常常因地震导致顶部位移过大，而发生母导线牵拉力过大引起的牵拉破坏。

　　（3）支柱（如图 7-4 所示）：单体支柱类电气设备根据设备种类的不同，顶部具有不同的结构部件，有的支柱类电气设备（如支柱绝缘子和避雷器等）顶部具有均压环布置，而有的支柱类电气设备（如旁路开关和隔离开关等）顶部除均压环外，还布置有横向绝缘子结构。后一类支柱类电气设备的固有频率往往较前一类支柱类电气设备更低，并随着电压等级的升高，设备会更"高"

"重""柔"，尤其是特高压变电站设备，与地震动的卓越频率接近，共振或类共振现象在地震中很容易发生。特高压支柱类电气设备一般高度在 13m 以上，总质量可达 1.5～9t，地震作用下，上部结构具有较大的惯性力，脆性材料构成的绝缘子受力需要重点关注。

图 7-3　直流隔离开关典型结构

（4）互感器（如图 7-5 所示）：典型的互感器结构包括铁芯和线圈。铁芯采用硅钢片叠压而成，以提高磁导率，降低铁芯中的铁损耗。互感器通常采用环形结构或分裂式结构，使其能够方便地安装、移除或适应不同电流水平。对于高电压互感器，常采用气体绝缘结构或油浸式结构，以提高绝缘性能。互感器属支柱类设备，其根部处于弯矩最大处和复杂应力状态，断裂和倾倒的现象时常发生，是设备结构破坏和失效的重要影响因素。

（5）平波电抗器（如图 7-6 所示）：从结构上看，平波电抗器采用 12 根倾斜的支柱绝缘子支撑，倾斜角度约为 15°。各支柱绝缘子分别由 5 段构成，各段支柱绝缘子之间采用胶装法兰连接。各支柱绝缘子底部金属法兰采用螺栓与基础固定连接，约束其 3 向自由度。平波电抗器结构形式较为特殊，其设备本体布置于支柱绝缘子顶端，且设备本体质量大，导致结构整体重心较高，整体稳定性较差；且支柱绝缘采用复合材料制成，其弹性模量较低，从而降低了设备的整体频率，增大了支柱绝缘子顶端的动力响应。

图 7-4 支柱设备典型结构

图 7-5 互感器典型结构

图 7-6 平波电抗器典型结构

（6）直流避雷器（如图 7-7 所示）：避雷器主要由一段绝缘子通过法兰与支架连接而成。另外，在绝缘子连接的顶部是均压环，以及一次接线端子板。由于换流站中绝缘高度的要求，避雷器由圆钢管支撑。绝缘子与法兰采用胶状连接，法兰与接线板均采用螺栓连接。结构形式为悬臂式结构，具备高、柔的特性。

（7）直流耦合电容器（如图 7-8 所示）：直流耦合电容器通常由两个电极构成，分别连接到电路中的两个部分。这些电极通常由金属制成，具有良好的导电性能。外壳通常由金属或塑料制成，具有良好的机械强度和绝缘性能。其属于支柱类设备，具备支柱类设备结构特性。

图 7-7　直流避雷器典型结构

图 7-8　直流耦合电容器典型结构

7.2.2　直流场支柱类设备抗震设计

为了确保直流场设备在地震等极端情况下的安全运行，采取一系列抗震措施是至关重要的，直流场设备表现为支柱类结构，采用支柱类结构的抗震方法进行其抗震设计。

（1）结构设计：引入柔性支撑系统（如图 7-9 所示），能够有效减缓地震引起的振动，提高整体结构的抗震性能。支撑结构的设计应符合地震烈度标准，包括合理的结构形式和弹性支撑装置，以确保在不同方向的地震作用下保持稳定。

图 7-9　直流场设备典型支撑结构

（2）强度设计：在结构材料的选择上，采用高强度、耐腐蚀、轻质的材料，如抗震钢材、碳纤维复合材料（如图 7-10 所示），以提高结构的抗震性能。对结构刚度进行合理调整，局部加强设计关键部位，如连接点和机械传动系统，以增强这些部位的抗震能力。

图 7-10　碳纤维复合材料

（3）减隔震装置：引入抗震弹簧和减震器等装置，如图 7-11、图 7-12 所示，以减缓地震时的冲击和振动，有助于维持直流场设备的稳定性。采用可调节的抗震支撑系统，以实现在地震发生时对结构刚度的实时调整。这种智能化的抗震支撑系统能够迅速适应不同地震条件，提高直流场设备的抗震适应性。另外，针对运动部件，设计自适应的减震机构，能够根据地震幅度和频率实时调整减震效果。

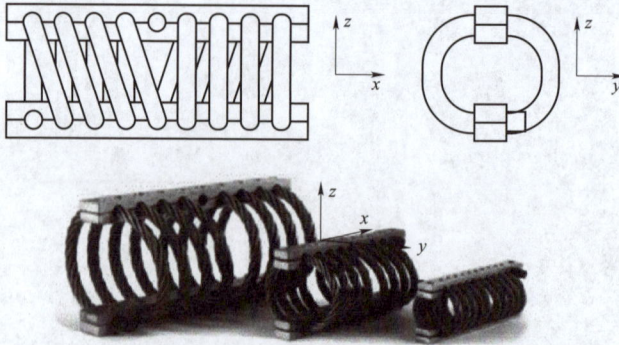

图 7-11　钢丝绳阻尼器

图 7-12　直流场设备减隔震装置应用

（4）计算机技术：通过有限元模拟和结构动力学分析，如图 7-13 所示，对直流场设备抗震性能进行评估，有助于提前发现潜在问题。实施先进的远程监测系统，使用高精度传感器实时监测设备的振动和变形情况，通过数据分析，及时发现结构的变异或损伤，并采取相应的修复和加固措施。

（5）定期检测：定期进行非破坏性检测，例如超声波检测、振动传感器监测及锤击法检测等，以及时发现潜在的结构损伤。

符合包络要求的地震动需求谱 单体设备有限元模型

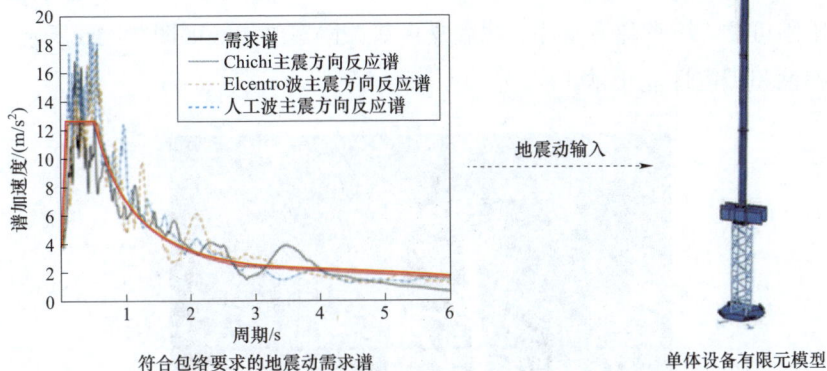

图 7-13 有限元分析

（6）人员培训：对相关工作人员进行抗震培训，使其更了解断路器的抗震特性，能够在地震发生时迅速采取应对措施。最后，定期进行抗震演练，以进一步提高人员的应急响应能力。

7.3 直流场支柱类设备设施运维要求

7.3.1 日常巡维

（1）定期检查直流场设备外部外壳（如图 7-14 所示），确保无明显的损伤、腐蚀或渗漏。

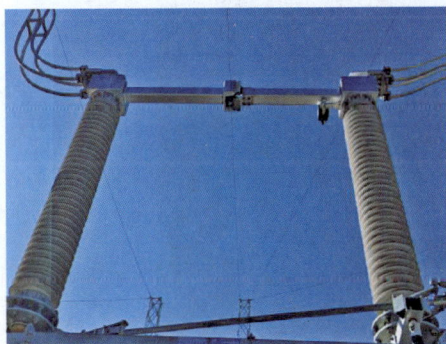

(a) 直流隔离开关 (b) 直流断路器

图 7-14 直流场设备外部状态

（2）定期检查支撑结构（如图7-15所示），包括支架和弹性支撑装置，确保其牢固可靠，检查弹簧支座、橡胶支座等减隔震装置（如图7-16所示），确保其弹性和减震性能正常。

图7-15 直流场设备支撑结构

图7-16 直流场设备减隔震装置

（3）定期检查隔离开关的机械运动部件，如图7-17所示，包括旋转杆、齿轮、传动装置等，确保其运动灵活、无卡阻，防止因机械故障引发运行不畅。

图7-17 直流场设备开合闸部件

（4）检查直流场设备的接触器，如图7-18所示，确保接触点干净、无氧化，清理表面灰尘和杂物，保证正常导电，检查设备的连接器，确保连接牢固，无松动或腐蚀，以维持正常的电气连接。

图7-18 直流场设备连接点

（5）对绝缘子和绝缘部分进行检查，清理可能影响绝缘性能的污物，确保绝缘子的表面干净且绝缘性能良好。

（6）定期检查直流场设备的基础（如图7-19所示），确保基础土壤无下沉或松动，维持支柱类设备垂直度，检查基础的排水系统，确保排水通畅，防止出现土壤液化等现象。

(a) 绝缘子基础   (b) 钢构架基础

图7-19 直流场设备基础

（7）进行电气参数测试，包括测量直流场设备的电阻、绝缘电阻和电容等，确保其处于正常工作范围内。

（8）检查接地系统，确保接地极和接地导体连接牢固，没有松动或腐蚀。

图7-20 直流场设备机械连接件

7.3.2 专业巡维

（1）对直流场设备的机械部件（如图7-20所示）进行更深入的维护，包括润滑机械运动部件、调整弹簧张力等，确保机械运动的顺畅和准确性。

（2）检查支柱类设备的气动或液压系统，如图7-21所示，确保其正常工作。

（3）进行直流场设备材料性能测试，包括硬度、强度等，验证材料是否满足设计要求。

（4）检查避雷器与整个防雷系统的协调性（如图 7－22 所示），确保其与接地系统，以及其他防雷设备协同工作。

（5）测试和校准直流场设备开关的过流保护和短路保护装置，确保其可靠性。

图 7－21　直流场设备气压系统

图 7－22　避雷器与防雷系统

7.3.3 动态巡维

（1）部署实时监测系统，监测直流场设备的运行状态，包括电流、电压、温度、振动、位移等参数。

（2）根据监测数据，评估直流场设备的抗震性能和运行状况，及时发现异常情况，针对监测到的异常情况，采取实时措施，如调整冷却系统、减小负载、调整支撑结构和阻尼器等。

（3）对直流场设备进行振动分析，检测机械部件的振动频率和幅度，判断机械运动是否存在异常。

（4）根据振动分析结果，采取相应的措施，防止机械磨损和故障。

7.3.4 停电维护

（1）在停电状态下，全面检查直流场设备的内部电气和机械部件，包括变位检测、锈蚀检测、动力特性及模态模拟分析等，利用有限元软件进行仿真分析，预测结构在实际工作状态下的工作行为，采用磁粉探伤、超声波检测方法，确保无损伤或老化。

（2）进行外观检测，对直流场设备外部外壳进行清理和检查，确保其绝缘性能和外观完好。

（3）利用停电维护的机会，进行直流场设备系统的升级，包括更换老化部件、提升控制系统、更新保护装置等。

（4）更新直流场设备的软硬件，以确保其符合最新的电力系统标准和抗震技术要求。

7.4　直流场支柱类设备设施检测方法

7.4.1　概述

直流场设备抗震设施检测是为了评估，以及保障直流场设备在地震发生时能够正常运行，并最小化地震对设备的损害。首先，需要遵循相关抗震设计标准，获取地震参数和制定检测计划。检测方法主要通过有限元分析，评估直流场设备结构的抗震性能；利用传感器测试系统记录激励作用下直流场设备振动；采用非接触非破坏性检测发现潜在的缺陷。最后，采用本节中的检测方法制定定期检查和维护计划，确保直流场设备满足抗震要求。这些检测方法的选择应根据直流场设备的具体类型、用途和地理位置进行调整。

7.4.2 检测要求及准备

7.4.2.1 检测要求

1. 试验环境条件要求

（1）环境温度：0～40℃。

（2）天气条件：宜晴天，风力不宜大于 5 级。如遇雷电、雨、雪等天气，不宜进行测试。

（3）相对湿度：不大于 60%。周围空气中没有明显的灰尘、烟雾、腐蚀性气体、蒸汽、烟雾污染物或沙尘。

2. 检测设备性能要求

（1）力锤、激振锤用配件：选择适用于力锤和激振锤的配件，确保其与检测设备的配合性和稳定性，包括但不限于触发器、传感器等。

（2）渗透剂和显影剂：选择符合相关标准的渗透剂和显影剂，确保其对检测样品的渗透性检测具有高效性和准确性。

（3）磁粉和磁粉探伤设备：选择适用于直流穿墙套管的磁粉和磁粉探伤设备，确保其对检测样品的缺陷检测具有高灵敏度和可靠性。

（4）超声波探伤耦合剂：选择符合相关标准的超声波探伤耦合剂，确保其与检测设备的兼容性和稳定性。

（5）X 射线防护用品：操作人员应佩戴符合国家标准的 X 射线防护用品，包括但不限于防护服、护目镜、手套等，以确保其人身安全。

7.4.2.2 检测准备

1. 直流场设备检查

（1）在进行检测前，对所有直流场设备进行详细的外观检查和尺寸测量，确保样品表面光滑，无裂纹、变形等缺陷，并符合相关标准和规范的要求。

（2）表面处理：根据不同检测方法的要求，对直流场设备的表面进行必要的处理，包括清洗、涂覆渗透剂、涂覆磁粉等，以确保检测的有效性和准确性。

（3）标记和标定：对直流场设备进行明确的标记，包括但不限于样品编号、材质、生产日期等信息。对检测设备进行合适的标定，确保测量结果的准确性。

2. 检测设备

（1）磁粉探伤。

（2）超声波检测：超声波检测仪。

（3）锤击法基频测试：力锤、动态采集仪、加速度传感器等。

（4）断路器力矩紧固：扭矩扳手等。

（5）八角台台面水平检测：标尺、游标卡尺、水平仪、全站仪等。

3. 设备检查及人员培训

（1）在进行检测前，应对所有检测设备进行仔细检查，确保其正常工作状态。力锤、激振锤、红外热像仪、X射线设备等应经过定期校准和检验，确保其精度和灵敏度符合检测要求。

（2）检测人员培训：检测人员应接受相关培训，了解检测流程、设备操作、安全事项等内容，确保检测的科学性和安全性。同时，检测人员应持有相关资质证书，符合国家规定的从业资格要求。

7.4.3 检测类别

7.4.3.1 设备结构稳定性检测

电气设备结构稳定性检测是确保设备在运行过程中能够安全可靠运行的关键步骤之一。这种检测通常包括外观检测（如图 7-23 所示）、变位检测（如图 7-24 所示）、锈蚀检测等多个方面的考察。

（1）外观检测：通过外观检测，评估设备的整体外观状况，包括外壳、支架、连接件等。检查是否存在明显的损伤、裂缝、变形或异物积聚，以确保设备外部结构完整且符合设计要求。

（2）变位检测：通过对设备各个部件的位置、角度进行检测，确保其在运行中没有发生异常的位移或变形。这可通过测量设备关键部位的变位，比如测量设备绝缘子、支持架等的位置，以验证结构的稳定性。

（3）锈蚀检测：针对设备的金属部件，进行锈蚀检测是至关重要的。使用相关技术，如超声波、磁粉检测等，检查设备的金属表面是否存在锈蚀，以保证设备的电气连接和结构完整性。

图 7-23　直流场设备外观检测

图 7-24　变位检测测点布置示意图

7.4.3.2 设备地基稳固检测

设备地基稳固检测是确保设备在其支撑基础上能够安全、稳定运行的关键步骤。这种检测通常涵盖多个方面，包括地基沉降检测、螺栓连接稳定性和基础连接板的水平度等。

（1）地基沉降检测：通过监测设备支撑基础的沉降情况，评估地基的稳定性。地基沉降可能是由于地下土壤的沉降或不均匀沉降引起的，因此对设备周围地基的沉降进行定期检测，有助于发现并解决潜在的不均匀沉降问题。

（2）螺栓连接稳定性：对设备上的螺栓连接进行检测，确保其紧固力和连接稳定性。定期检查螺栓是否存在松动、腐蚀或损坏，以及连接处是否存在异常振动，有助于保持螺栓连接的稳定性，减少因连接松动而引发的结构问题。

（3）基础连接板水平度（如图 7-25 所示）：检测设备基础连接板的水平度，

(a) 本体　　　　　　　　　　　　　　(b) 钢构架

(c) 阻尼器

图 7-25　旁路开关基础水平度检测

确保设备在运行时处于水平状态。不稳定的基础连接板可能导致设备振动、偏移或不均匀负载，影响设备的正常运行。水平度检测通常可以通过水平仪或激光水平仪等工具进行。

这些地基稳固检测方法共同确保设备在其支撑基础上具有足够的稳定性，能够在各种条件下保持安全运行。检测的频率和方法可能根据设备类型、地理条件和制造标准的要求而有所不同。

7.4.3.3 设备损伤检测

随着特高压输电结构越来越复杂，结构的动力特性也就显得越来越重要，一方面，通过对结构动力特性优化设计，使结构处于良好的工作状态，保证了结构的安全可靠性，延长了结构的使用周期，减少了对环境的干扰；另一方面，通过结构的动力特性可了解复杂结构的结构性能和技术性能，从而做出科学的技术评定。模态分析是结构动力特性分析的一种手段，通过分析工程结构的模态特性，可建立结构在动态激励条件下的响应，预测结构在实际工作状态下的工作行为及其对环境的影响。

动态数据的采集及频响函数或脉冲响应函数的分析主要包括以下方法。

（1）激励方法。试验模态分析是人为地对结构物施加一定动态激励，采集各点的振动响应信号及激振力信号，根据力及响应信号，用各种参数识别方法获取模态参数。激励方法不同，相应识别方法也不同，主要有单输入单输出、单输入多输出、多输入多输出三种方法。以输入力的信号特征还可分为正弦慢扫描、正弦快扫描、稳态随机（包括白噪声、宽带噪声或伪随机）、瞬态激励（包括随机脉冲激励）等。

（2）数据采集。方法要求同时高速采集输入与输出两个点的信号，用不断移动激励点位置或响应点位置的办法取得振型数据。方法要求大量通道数据的高速并行采集，因此要求大量的振动测量传感器或激振器，试验成本较高。

（3）时域或频域信号处理。例如谱分析、传递函数估计、脉冲响应测量，以及滤波、相关分析等。

检测案例：

选取力锤时应考虑被测设备自重以产生有效激励，同时应根据所关心的频率范围选择锤头材料，锤头越硬，所激发模态阶数越多，锤头越软，则有利于激发低频区间的模态，锤头材料的选取应当保证振动信号频响函数峰值附近的相干函数值至少大于 0.75，才能保证设备响应基本由力锤激励引起，对于复合材料设备可选用橡胶锤头。加速度传感器的考虑因素主要是频响范围和灵敏度，其频响范围应包括所关心的频率范围，同时灵敏度不宜过高，否则容易导致传感器内部信号调理部分受到饱和冲击，导致响应信号畸变失真。试验过程示意图如图 7-26 所示。

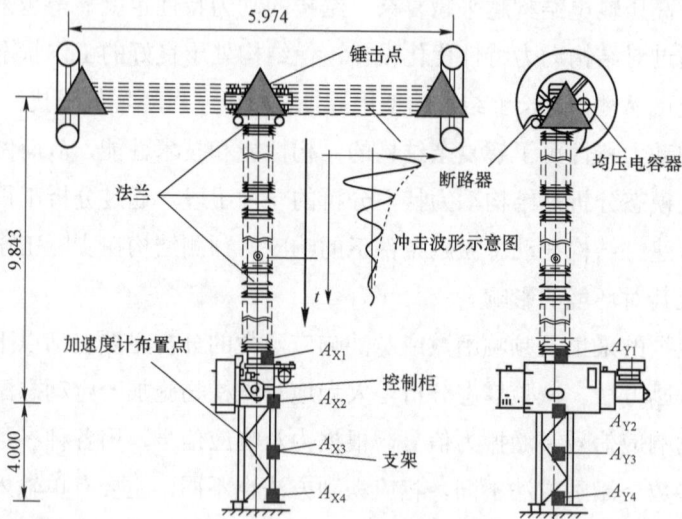

图 7-26　试验过程示意图

响应信号与激励信号的传递函数反映了结构对信号的传递特性，传递函数会放大自振频率附近的幅值，峰值点对应频率值为结构与激励信号的共振频率，可通过半功率带宽衰减系数求出设备自振频率。通过传递函数幅频曲线可得到结构主要频谱特性，但曲线中也存在其他因素导致的频率成分，准确得到设备的模态频率还需采用模态参数识别方法进行识别。

单次锤击试验加速度时程图如图 7-27 所示。

800kV 旁路开关传递函数幅频曲线如图 7-28 所示，可以看出，旁路开关整体设备在 1Hz 以内，处于地震波的卓越频率范围内，阻尼比较小，地震作用下设备容易发生共振，地震作用下绝缘子的响应较大。由动力特性处理方法可知，三次锤击试验得到的旁路开关基本频率为 0.3967、0.4272、0.3906Hz。

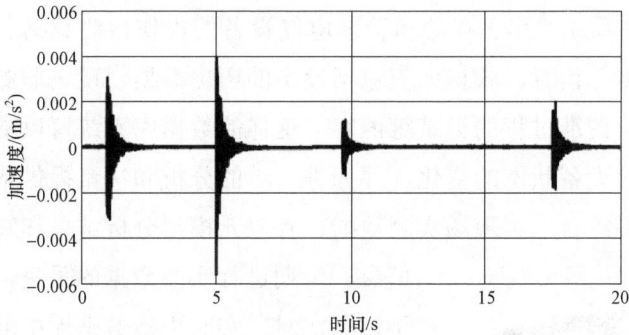

图 7-27　单次锤击试验加速度时程图

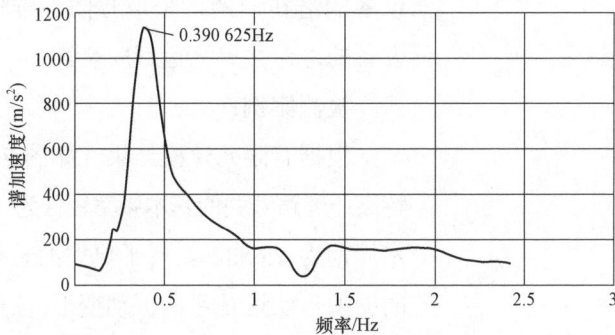

图 7-28　单次锤击试验频谱图

7.4.3.4　模拟仿真技术应用

有限元模型在电气设备损伤检测中的应用是一种有效的工程方法，可通过模拟和分析设备的结构响应，帮助识别潜在的损伤或结构问题。此外，使用现场检测的数据校准有限元模型，结合数据库系统进行全过程监测，可以进一步提高损伤检测的准确性和实用性。

通过建立电气设备的有限元模型，模拟设备在不同工作条件和外部负荷下的结构响应。通过对模型的分析，可以识别可能的损伤位置和程度，预测结构的稳定性，并提供改进设备结构的建议。有限元模型的应用可以在不破坏实际设备的情况下，辅助损伤检测和结构健康监测。利用实际现场检测获取的数据，如振动、应变、温度等，对有限元模型进行校准。通过比较模型预测结果与实测数据，调整模型参数以更准确地反映实际情况。这样的校准过程可以提高有限元模型的精确性，使其更符合实际设备的特性。建议建立一个专门的数据库系统，用于存储和管理电气设备的损伤检测数据、有限元模型及其校准数据等信息。数据库应包括设备的历史数据、现场监测数据、有限元模型文件、校准过程的记录等内容。这样的数据库系统可以支持数据的长期保存，跟踪设备状态的变化，并为进一步的分析和决策提供依据。实现全过程监测需要综合运用现场实测数据、有限元模型分析结果和数据库系统的信息。定期进行实测数据的采集，与有限元模型进行比对，实时更新数据库中的信息。通过对损伤状态的全过程监测，可以更及时地发现设备的潜在问题，采取预防性维护措施，延长设备的寿命并提高运行安全性。

检测案例：

根据有限元建模结果（如图 7-29 所示），特高压旁路开关的基本频率较低为 0.3769Hz，基本周期为 2.6532s，属于典型的悬臂结构，主要的振型形状还是弯曲振动变形，顶部横向结构断续器的存在，使得旁路开关原始结构基本频率较低，设备变得更柔。对于有限元和实际测试的结果可知，动力测试三次的平均值为 0.4048Hz，相较于有限元的频率增加了 7%，主要原因是复合绝缘子顶部的硬管形母线对绝缘子具有一定约束作用，顺管形母线和垂直管形母线方向上提供了大小不等的侧向刚度。

图 7-29 旁路开关有限元模型图

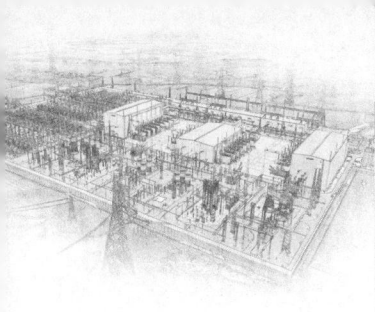

8 二次设备

8.1 二次设备简述

换流站内二次设备是对一次设备进行监视、测量、控制、调节和保护的辅助设备，包括直流控制保护装置、继电保护及安全自动装置、测量和计量装置、直流电源设备及相关二次线缆等，是换流站不可或缺的一部分，通过对电力系统的监测、控制和保护等操作，确保了直流系统的高效、稳定、安全运转。

8.2 二次设备抗震技术

8.2.1 二次设备的结构特点

在结构特征方面，二次设备一般安装于屏、柜、箱体内，与屏、柜、箱的连接主要采用螺栓或安装夹具，因此，二次设备抗震能力很大程度上依赖于其所在的屏、柜、箱类设备的抗震能力。

屏、柜、箱通常由坚固的金属材料制成，以保护内部的电气设备，并且设计中包含了必要的电气隔离措施，确保操作安全。考虑到电气设备运行时会产生热量，屏、柜、箱设计中还包括了冷却和通风系统。同时，屏、柜、箱通常具有防尘和防潮功能，以保护内部的敏感电设备。屏、柜、箱内部通常包含精密的电子设备和控制系统，因此对震动非常敏感。而金属构造虽然提供了良好的机械强度，但在地震中，金属结构可能无法有效吸收震能量，从而将震动直接传递给内部设备，造成精密元件的损坏。

二次设备本体通常采用模块化设计，方便安装、维护和未来扩展。

二次设备连接有大量的二次线缆，地震作用下二次设备与相关二次线缆连接处将承受较大应力。

室内二次屏柜一般采用成列安装，每面二次屏柜单独固定在基础（基础一般为钢架）上，屏柜之间采用螺栓连接成整体。

户外二次屏柜（或箱）一般独立安装，每面二次屏柜（或箱）单独固定在基础上（基础一般为钢筋混凝土）。

8.2.2　二次设备的抗震设计

8.2.2.1　基础

高压开关柜、低压配电屏、控制保护屏、直流屏、不间断供电设备（UPS）和配电箱类，宜用地脚螺栓固定在基础上。

抗震设防烈度 8 度、9 度时，成列高压开关柜、低压配电屏及控制保护屏等柜（或屏）之间，应在设备重心以上采用螺栓连接成整体。柜（或屏）间连接的硬母线在通过建筑物防震缝、沉降缝、伸缩缝处，应加设软连接。

8.2.2.2　导线

蓄电池应安装在抗震架上，蓄电池间连线应采用柔性导体连接，接线长度留有足够裕量，满足隔震或减震装置变形要求。端电池宜采用电缆作为引出线，蓄电池安装重心较高时，应采取防止倾倒措施，如图 8-1 所示。

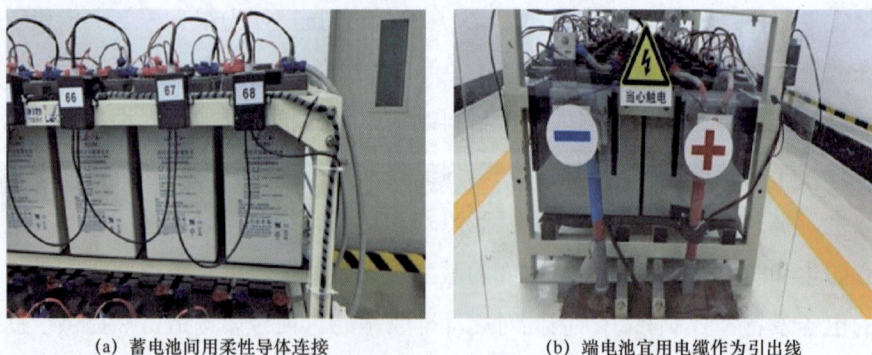

(a) 蓄电池间用柔性导体连接　　　　　　(b) 端电池宜用电缆作为引出线

图 8-1　蓄电池抗震设计

配电箱（柜）、通信设备机柜内的元器件应考虑与支承结构间的相互作用，元器件之间采用软连接，接线处应做防震处理，配电箱（柜）面上的仪表应与柜体组装牢固，如图 8-2 所示。

图 8-2　元器件之间采用软连接

开关柜（屏）、控制保护屏电缆、接地线等，应采取防止地震时被切断的措施，如图 8-3 所示。

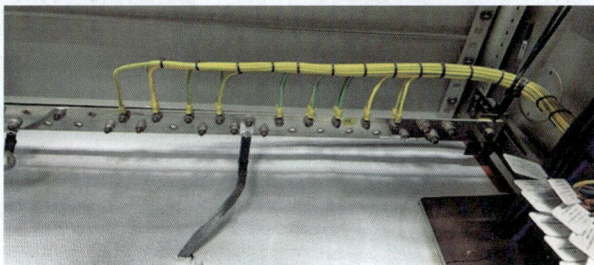

图 8-3　屏电缆、接地线采取防切断保护措施

8.2.2.3　电气附件

高压移开式开关柜和低压抽出式配电屏的二次电缆插头应设有防松动措施。

高压开关柜、低压配电屏和控制保护屏上的继电器和仪表应采用螺栓或安装夹具固定，如图 8-4 所示。

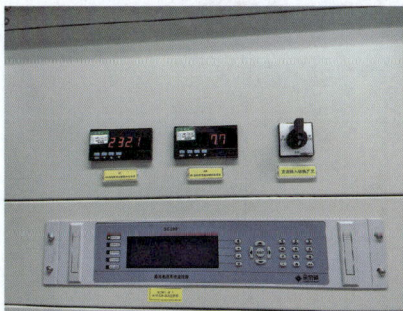

(a) 仪表采用螺栓固定　　　　　　　(b) 继电器采用螺栓或固定

图 8-4　继电器和仪表采用螺栓固定

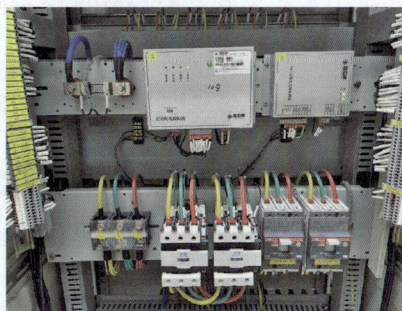

高压移开式开关柜的移动单元应设有定位锁住机构。固定式高压开关柜上的隔离开关应设有定位锁住机构。低压抽出式配电屏的抽出单元处于工作位置时，应设有机械锁住机构。

控制保护屏、励磁屏及其他柜屏中的电路板插件应设有防止松动的锁住机构，如图8-5所示。

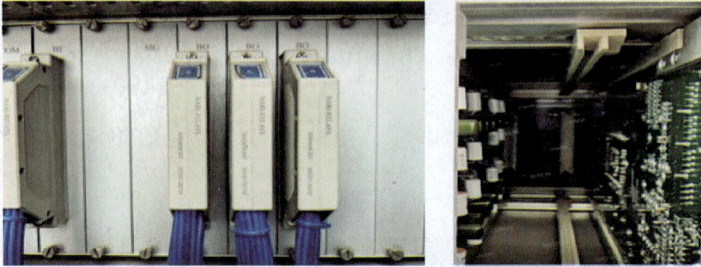

(a) 电路板插件防止松动的螺钉　　　　(b) 电路板插件防止松动的导轨

图8-5　电路板插件设有防止松动的锁住机构

8.3　二次设备抗震设施运维要求

8.3.1　日常巡维

8.3.1.1　外观检查

（1）检查二次屏、柜、箱类设备整体无倾斜、移位，地脚螺栓无松动，如图8-6所示。

图8-6　二次屏、柜、箱类整体

（2）检查二次装置本体完好,无明显的物理损伤, 各类机箱无倾斜、移位或明显变形, 如图8-7所示。

（3）检查二次设备装置附件, 如插头、插件、板卡, 以及户内外屏柜二次回路端子等, 采取的防止松动的锁住机构无断裂无松脱, 紧固螺栓无松动, 采取绝缘设计的部位绝缘完好, 如图8-8、图8-9所示。

（4）检查二次设备其他附件, 如独立继电器、空气断路器、接触器、连接片、把手、非电气量保护表计(包括但不限于气体继电器、油流继电器、压力释放阀、油位表、温度计)等无松动变形、渗漏油、漏气, 如图8-10所示。

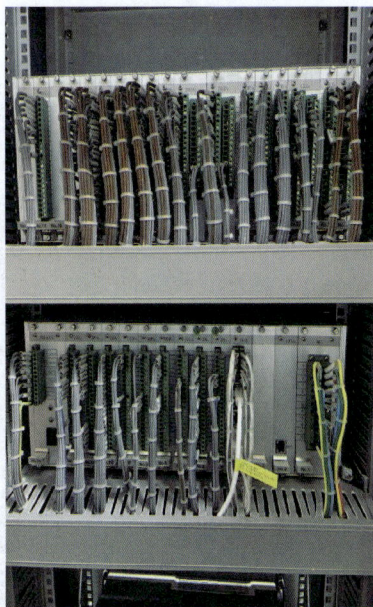

图8-7 二次装置本体

图8-8 插头、插件、板卡紧固螺栓

图 8-9　户外屏柜二次回路端子

(a) 独立继电器、空气断路器、接触器等附件　　　　(b) 非电气量保护表计

图 8-10　二次设备其他附件

（5）检查电缆桥架牢固完好，电缆外观无破损，如图8－11所示。

(a) 完好的电缆桥架及电缆   (b) 坍塌的电缆桥架

图8－11　电缆桥架及电缆

（6）对于涉及机械运动的设备，如屏柜内的各类风扇，检查设备无异常噪声，如图8－12所示。异常噪声可能是设备故障或磨损的指示。

图8－12　风扇

8.3.1.2　运行状况检查

（1）检查二次设备上的指示灯和显示屏无异常告警，如图8－13所示。

（2）检查后台监控系统无二次设备异常告警，通信正常。

<table>
<tr><td>（a）保护装置</td><td>（b）主机柜</td></tr>
</table>

图 8-13　二次设备指示灯和显示屏

8.3.2　专业巡维

（1）在后台监控系统处检查设备的运行参数，确保各运行参数处于正常范围内，如图 8-14 所示。

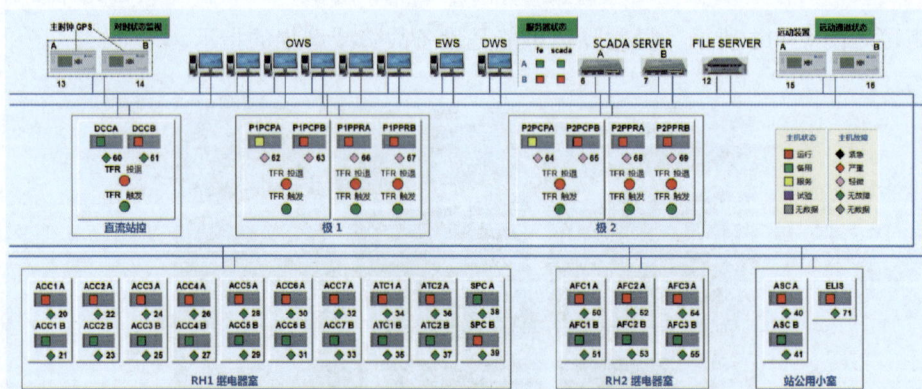

图 8-14　后台监控系统运行参数显示

（2）在二次设备就地处检查设备的运行参数，如采样电压、采样电流、开入量状态等，确保各运行参数处于正常范围内，如图 8-15 所示。

（3）必要时使用红外测温仪等工具，检查设备的温度分布，确保设备工作在正常的温度范围内。

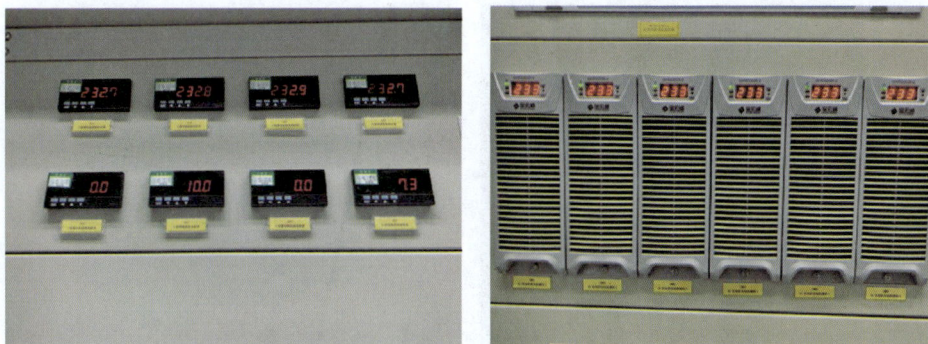

图 8－15　设备就地运行参数显示

8.3.3　动态巡维

应结合不同的地震触发类型，开展不同类型的巡维。触发类别为Ⅰ级时，无须针对二次设备开展动态巡维；为Ⅱ级时，应开展性能检测，对屏柜及内外部电气或电子设备开展抗震性能鉴定，必要时进行更换和加固；为Ⅲ级时，应开展性能检测，宜开展停电维护，对屏柜及内外部电气或电子设备开展抗震性能鉴定，以及停电维护，必要时进行更换和加固；为Ⅳ级或Ⅴ级时，应开展性能检测、停电维护，并召集专业电气与结构人员对特定设备进行研究分析，开展补充检验，确定是否适宜继续使用或进行相应改造措施。

8.3.4　停电维护

（1）细致检查二次设备及附件各连接处接线、金具或螺栓正常，无松动、脱落情况，如图 8－16 所示，宜同步开展端子紧固。

（2）对于可手动操作的部件，必要时进行手动操作测试，确保操动机构正常。

（3）对二次设备及回路开展补充检验，确保功能正常。典型补充检验项目如下，实际执行时应结合具体震情选择。

1）外观检查。

2）二次回路检验。

3）绝缘检查。

4）逆变电源检查。

5）上电检查。

图 8-16　连接处金具

6）开关量输入回路检验。

7）输出触点及输出信号检查。

8）模数转换系统检验。

9）功能检验。

10）通道检验。

11）操作箱及独立继电器检验。

12）整组试验。

8.4　二次设备设施检测方法

8.4.1　概述

随着换流站智能化程度的逐渐提高，二次设备的重要性也在逐渐提高。二次设备检测的对象主要包括直流电动机的控制系统与电力信号系统、交流电动机的测量控制系统、电动机设备的接地屏蔽系统、通信管理系统等。其中直流电动机的控制系统与电力信号系统的检测主要是检查电力系统中直流动力设备的绝缘回路工作是否处于正常的状态，交流电动机的测量控制系统的检测主要是检查电压互感器（TV）及电流互感器（TA）线路的绝缘工作是否正常，二次设备的检测不仅仅是对单一元件的检测，而是针对整个系统的检测。在实际的电力系统操作过程中，通常采用的方法有数学校验法、相似比较法、数据编码法等。同时利用上述的技术方法可以对整个电力系统的各个设备进行详细的检测。

二次设备红外检测是一种非接触式的检测方法，利用红外热像仪（红外摄像机）来观察和记录设备表面的红外辐射，从而评估设备的热分布情况。这种检测方法通常用于发现设备的潜在问题和故障，例如电气连接不良、过载、接触不良、局部过热等，有助于预防设备事故和提高设备的可靠性。

二次设备红外检测是指根据红外辐射的原理，即所有物体都会发出红外辐射，其强度和频谱分布取决于物体的温度和表面特性的原理。通过红外热像仪可以捕获这种辐射，并将其转换为图像显示出来。进行热异常检测：当设备存在问题或故障时，通常会产生局部的温度异常，这些异常可以通过红外热像仪进行检测和识别。

红外检测具备的优势：① 非接触式检测，不需要与设备直接接触，可以避免安全风险；② 快速高效，可以快速扫描大面积设备，快速发现异常；③ 全面性，可以检测到设备表面的整体温度分布情况，辅助评估设备状态。

8.4.2 检测要求及准备

换流站二次设备的检测是确保站点运行安全和可靠性的重要环节。以下是对换流站二次设备检测的一般要求及准备工作。

8.4.2.1 检测要求

1. 试验环境条件要求

（1）环境温度：0～40℃。

（2）天气条件：宜晴天。

（3）相对湿度：不大于60%。测试现场周围空气中没有明显的灰尘、烟雾、腐蚀性气体、蒸汽、烟雾污染物或沙尘。

2. 检测设备性能要求

（1）渗透剂和显影剂：选择符合相关标准的渗透剂和显影剂，确保其与检测设备的兼容性和稳定性，确保其对检测样品的渗透性检测具有高效性和准确性。

（2）X 射线防护用品：操作人员应佩戴符合国家标准的 X 射线防护用品，包括但不限于防护服、护目镜、手套等，以确保其人身安全。

8.4.2.2　检测准备

1. 二次设备检查

（1）在进行检测前，对所有二次设备进行详细的外观检查和尺寸测量，确保样品表面光滑，无裂纹、变形等缺陷，并符合相关标准和规范的要求。

（2）表面处理：根据不同检测方法的要求，对二次设备的表面进行必要的处理，包括清洗、涂覆渗透剂、涂覆磁粉等，以确保检测的有效性和准确性。

（3）标记和标定：对二次设备进行明确的标记，包括但不限于样品编号、材质、生产日期等信息。对检测设备进行合适的标定，确保测量结果的准确性。

2. 检测设备

1000V 绝缘电阻表、万用表、红外热像仪等。

3. 设备检查及人员培训

（1）在进行检测前，应对所有检测设备进行仔细检查，确保其正常工作状态。红外热像仪、超声波设备等应经过定期校准和检验，确保其精度和灵敏度符合检测要求。

（2）检测人员培训：检测人员应接受相关培训，了解检测流程、设备操作、安全事项等内容，确保检测的科学性和安全性。同时，检测人员应持有相关资质证书，符合国家规定的从业资格要求。

4. 设备检测记录

检测应该全面覆盖二次设备的各个方面，包括结构、地基、电气元件等，以确保所有潜在问题都能被及时发现。检测结果应该具有可追溯性和可复制性，检测过程应该详细记录，并且检测方法应该是可重复的，以确保检测结果的可靠性和可信度。

8.4.3　检测类别

8.4.3.1　外观检查

针对二次设备，进行外观检查，包括屏柜及装置标识检查、外部观感检查、端子箱检查、二次回路接线检查。

屏柜及装置标识检查要求：① 屏、柜的正面及背面各继电器、端子排、切换连接片等应标明编号、名称、用途及操作位置，其标明的字迹应清晰、工整，且不易脱色，并符合有关标识规定；② 装置的铭牌标志及编号应符合设计图样的要求；③ 保护通道及接口设备标识清晰、正确，并符合有关标识规定。

外部观感检查要求（如图 8-17、图 8-18 所示）：① 装置的型号、数量和安装位置等情况，应与设计图纸相符；② 装置的表面不应有影响质量和外观的擦伤、碰伤、沟痕、锈蚀、变形等缺陷；③ 装置面板键盘完整，操作灵活，液晶屏幕显示清楚，指示灯显示正常；④ 所有紧固件均应具有防腐蚀镀层和涂层，对于既作连接又作导电的零件应采用铜质或性能更优的材料；⑤ 可运动部件应按设计要求活动自如、可靠，不得有影响运动性能的松动，在规定运动范围内不应与其他零件碰撞或摩擦。

端子箱检查要求：① 端子箱内应无严重灰尘、放电、锈蚀痕迹；② 端子箱内应无严重潮湿、进水现象；③ 检查端子箱的驱潮回路、照明完备；④ 端子箱的接地正确完好；⑤ 端子箱内各元器件外观良好，空气断路器、熔断器等参数规格符合要求；⑥ 端子箱内各种标识应正确齐全。

二次回路接线检查要求：① 保护外部接线应与设计图纸相符；② 端子排内部、外部连接线，以及沿电缆敷设路线上的电缆标号正确、完整，与图纸资料一致；③ 二次回路的接线应整齐美观、牢固可靠；④ 跳（合）闸引出端子应与正电源适当隔开，至少间隔一个端子；⑤ 正负电源在端子排上的布置应适当隔开，至少间隔一个端子；⑥ 电缆标签应包括电缆编号、规格型号及起止位置；⑦ 引入屏、柜的电缆应固定牢固，不得使所接的端子排受到机械应力；⑧ 所有二次电缆及端子排二次接线的连接应可靠，芯线标识齐全、正确、清晰，芯线标识应用线号机打印，不能手写，芯线标识应包括回路编号及电缆编号；⑨ 所有室外电缆的电缆头，如电流互感器、电压互感器、断路器机构箱等处的电缆头应置于接线盒或机构箱内，不能外露，以利于防雨、防油和防冻，所有室外电缆应预留有一定的裕度；⑩ 电缆采用多股软线时，必须经压接线头接入端子；⑪ 电缆的保护套管合适，电缆应挂标识牌，电缆孔封堵严密；⑫ 汇控箱、端子箱、保护屏内电流中性线和接地线不得压接在同一个端子，应分别压接在两个端子上，使用金属连接片短接。

图 8-17　设备外观检查

图 8-18　安全设备外观检查

8.4.3.2　端子紧固检查

针对二次设备，进行端子紧固检查（如图 8-19 所示），要求如下：

（1）紧固工作过程中涉及的所有二次接线端子，紧固需使用合格的工器具，避免误碰其他端子。

（2）在开展端子紧固检查时，在端子紧固后，还应横向、纵向轻微拉扯电缆芯，确认端子排跟随电缆芯移动时，方可确认端子确已紧固。

（3）涉及二次回路拆改动作业时，接线恢复和端子紧固检查后，应增加拔电缆的动作确认紧固质量。

（4）在端子紧固后，通过侧面观察芯线压接部分，确认能同时看到电缆芯线和绝缘外皮，确认端子不压住绝缘外皮（压皮），若端子存在压皮，则松开端子检查，重新开剥电缆芯，确保接入端子后不存在压皮的情况；通过横向、纵向等轻微拉扯方式，确认电缆芯受力紧固。

（5）紧固工作过程中涉及的装置板卡端子排插头，紧固需使用合格的工器具，避免误碰其他端子。

图 8-19 端子紧固检查

8.4.3.3 红外检测

针对二次设备,使用红外热成像仪检测直流保护系统及合并单元设备的温度分布(如图 8-20 所示),发现可能的过热现象。

针对二次设备,运用红外热成像技术,检测设备的热量分布。通过热成像,发现潜在的电气故障、局部损伤等问题。

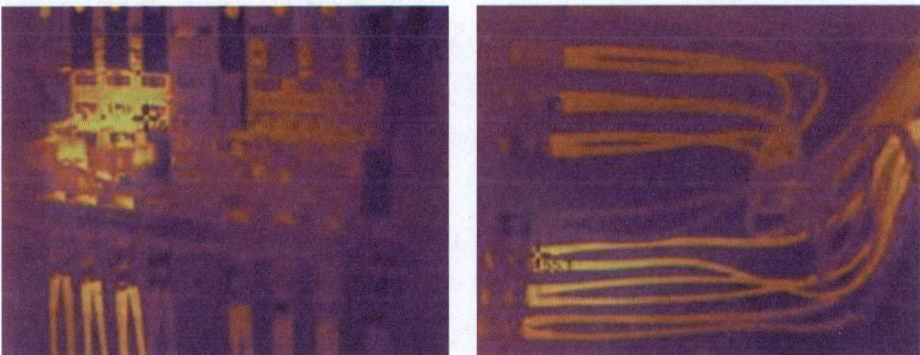

图 8-20 红外热成像仪检测二次设备

8.4.3.4　螺栓预紧力的检测

二次设备中的构件很多是通过螺栓连接，螺栓连接由于其安装便捷、强度高、成本低等优点，被广泛应用于钢结构基础设施中。螺栓松动对设备抗震性能产生极大的影响，因此进行螺栓预紧力的检测至关重要。

螺栓预紧力的检测采用的工具有扭矩扳手、相关规格的扭矩表、个人防护设备。

螺栓预紧力的检测主要包含以下步骤：进行检测工作之前先要进行准备工作，确保工作区域清洁，以防脏污影响操作。戴上防护装备，保护安全。随后根据螺栓的规格和要求，选择合适的扭矩值，查找相关的扭矩表。根据表格指示，在扭矩扳手上设置正确的扭矩值。设置好之后开始安装扭矩扳手，将适当尺寸的插座安装到扭矩扳手上，将扭矩扳手连接到螺栓头上。随后施加扭矩，使用扭矩扳手施加扭矩，直到达到预设的数值。这通常包括持续施加力量，直到扭矩扳手发出声音或指示达到预设值。注意，在施加扭矩时要均匀，以避免螺栓扭曲或损坏。最后记录检测结果，记录每个螺栓的扭矩值，以备后续参考。确保记录中包含螺栓的位置和对应的扭矩数值。如果需要，重复以上步骤，以确保所有螺栓都受到适当的预紧力控制。

检查完成后，确认所有螺栓都已经达到了预设的扭矩数值。如果有任何螺栓未达到预设值，需要进一步调整或替换，并重新检查。扭矩检查结果的准确记录可用于质量控制和追踪。

8.4.3.5　钢支架层间位移、位移角的检测

和一次设备类似，某些二次设备同样采用钢支架进行支撑，地震作用下钢支架容易出现水平方向的位移。如果支架的连接部件或结构构件受到较大的水平力，支架的不同部分可能会产生相对位移，导致层间位移。这可能会导致支架层间的错位或相对位移，影响结构的稳定性和安全性。因此有必要对钢支架的层间位移和位移角进行检测。

钢支架层间位移和位移角的检测采用的工具有水平仪、测量尺、角度尺、数据记录表，以及必要的安全设备。

钢支架层间位移、位移角检测主要包含以下步骤：首先进行准备工作，确保工作区域安全，清理杂物以方便进行测量，穿戴必要的安全装备。随后设置基准线，使用水平仪在支架上建立水平基准线，并使用角度尺建立垂直基准线。

这些基准线将作为后续测量的参考。

进行线性位移测量，使用测量尺沿着支架的长度测量不同位置的线性位移，将测量结果记录在数据表中。进行角度位移测量，使用角度尺测量支架的不同部位的角度位移，将角度测量结果记录在数据表中。最后分析结果，将测量结果与结构设计要求进行比较，检查是否存在超出允许范围的位移或角度。如果发现问题，需要进一步评估结构的安全性，并采取必要的措施进行修复或调整。将所有测量数据和分析结果记录在数据表中，以备将来参考。

检查完成后，可以得出结构支架的线性位移和角度位移情况。如果发现任何超出规范范围的位移或角度，需要及时采取修复措施，以确保结构的稳定性和安全性。记录的数据可以用于结构的监测和维护，供日后参考。

8.4.3.6 抗震支架结构的动力特征测试

抗震支架结构的动力特征测试旨在评估其在地震等动力荷载下的响应行为。

采用的工具有地震模拟仪器、加速度计、应变计、数据采集系统、振动传感器。

抗震支架结构的动力特征测试主要包含以下步骤：首先进行准备工作，对结构进行必要的准备工作，确保其处于正常工作状态。随后安装加速度计、应变计和振动传感器，以及其他必要的测试设备。设置地震模拟设置，根据设计规范和要求，设置地震模拟仪器，包括地震波形、频率、幅值等参数。进行测试执行，启动地震模拟仪器，模拟地震荷载作用于结构上。同时，使用数据采集系统记录结构受力情况，包括加速度、位移、应变等数据。分析记录的数据，评估结构在地震荷载下的动态响应特征。检查结构的位移、加速度响应、振动频率等参数，以及任何可能的损伤迹象。根据分析结果，评估结构的抗震性能，包括判断是否满足设计要求、是否存在潜在的结构问题等。根据需要，提出改进或修复建议，并制定相应的措施。

测试结果可以提供结构在地震荷载下的动态性能数据，帮助评估其抗震性能，还可以用于指导结构的改进和加固设计，以提高其抗震能力。如果发现结构存在严重的动态响应问题，可能需要进行进一步的分析和修复工作，以确保结构的安全性和稳定性。

9 辅助类设备

9.1 辅助类设备简述

在换流站中，辅助类设备是指无法归类到支柱、悬吊、斜向长套管、套管、箱体等类型的设备。主要包括构筑物（构架和避雷线）、消防系统、供水系统、空调系统等。此类设备主要起着协助完成电气功能，保障换流站运行环境安全稳定的作用。

9.1.1 构筑物

换流站构筑物主要包括生活楼、控制室（如图 9-1 所示）、各继电器室、配电室、综合水泵房、一二次备品备件库，以及危化品库房等，是满足生活、生产或其他活动的需要而创造的物质的、有组织的空间环境。避雷线又称架空地线，是架设在换流站构建筑物杆塔顶部的线状网络结构，起着防雷的作用，如图 9-2 所示。

图 9-1 控制室

图 9-2 避雷线

9.1.2 消防系统

换流站消防系统(如图 9-3 所示)是可以探测站内火灾信号,并通过泡沫、喷淋、水消防灭火等方式对换流站火灾进行灭火的系统设施。换流站内消防系统主要由火灾探测及报警系统和消防灭火系统两大部分组成,分别负责火灾信号探测、全站灭火控制。

图 9-3 消防栓管道

9.1.3 供水系统

换流站供水系统（如图9-4所示）主要保障站内各类水源的使用。主要包括生活用水、工业用水及消防用水。生活用水主要包括站内工作人员的生活、淋浴等用水、绿化及浇洒道路用水、空调冷却水系统补给水；工业用水主要用于换流阀外冷却水系统的补水，工业水经综合水泵房内的工业水泵升压后送至控制室的两个阀冷设施间；消防用水主要包括控制室消防、综合楼消防、换流变压器检修厂房消防及换流变压器消防用水等。

图9-4 供水系统

9.1.4 空调系统

空调系统主要调节换流站设备间的温度，改善室内设备运行环境，空调系统的稳定有利于设备长时间安全稳定运行。空调系统主要包括工作站、控制柜、阀厅空调系统、冷水机组（如图9-5所示）、压缩机、可编程逻辑控制器（PLC）控制系统、室内空调系统、通风系统（如图9-6所示），以及建筑与附属建筑的空调和通风装置等。

图 9-5　冷水机组

图 9-6　风机组

9.2　辅助类设备抗震技术

9.2.1　构筑物的抗震技术

9.2.1.1　构筑物的结构特点

换流站内部构建筑物必须有足够强的结构稳定性，能够承受设备的重量，以及可能的地震影响。作为电力传输的关键节点，换流站内部构建筑物必须确保即使在地震发生时也能尽量保持运行，以维持电力网的稳定，因此对于抗震性能的要求较高。此外，换流站内部构筑物的结构设计注重防护性，需采用防护罩、防护墙等措施确保设备和人员安全。而构筑物模块化的设计有利于各种设备在单元内部紧密集成，便于维护和管理。

9.2.1.2 构筑物的抗震设计

换流站内部的构建筑物进行抗震设计时，需要考虑一系列专门的工程措施和设计原则，以确保在地震发生时能够保护结构安全、减少设备损坏，并尽可能地维持运营。设计之初应进行详细的地震风险评估，包括地震带的活动性、地震的可能强度、地质条件等。

针对构筑物的抗震加固方法，可以大致可以分为两类：一种是为了提高结构构件性能所采用的加固方法，主要包括增大截面加固法（又称外包混凝土法）（如图 9–7 所示）、外包型钢加固法（如图 9–8 所示）、粘钢加固法、增加受拉钢筋数量法、粘贴碳纤维增强复合材料加固法、外加预应力法（如图 9–9 所示）、化学或者水泥灌浆加固法、置换现有混凝土加固法等；也可以通过更换局部结构构件来达到加固。另一种则是需要更改原有结构的传力途径来达到加固改造的目的，主要包括增设支撑点加固法、托梁拔柱加固法、简支体系改成连续梁体系的加固法、节点铰接改成刚接的加固法、平面结构改为空间结构加固法等；同时经过限制或者减小荷载拉力以保证结构的整体性是可靠的。

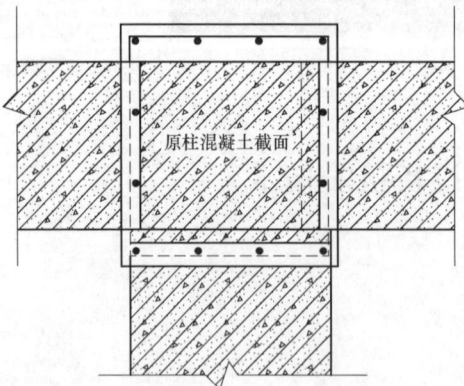

图 9–7 增大截面加固法

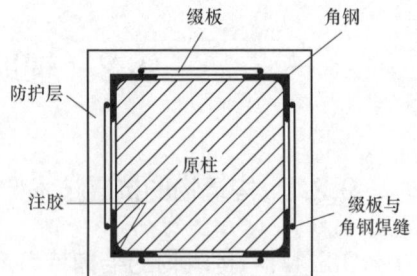

图 9–8 外包型钢加固法

此外，可以使用强化结构框架，以增强建筑的整体抗震能力。同时，可以考虑使用基础隔震技术，如隔震垫或隔震支座，以减少地震波传递到结构上的影响。如有需要，对于特殊的构建筑物内部设备，可以采用防震支撑或悬挂系统，以保护敏感的电力设备免受震动损害。要注意设计易于疏散的通道和紧急出口，确保在地震发生时人员可以迅速安全地撤离。避雷线在线体上需加装防震锤，在避雷线底部可考虑加装隔震垫或隔震支座，并通过架空引线与建筑构架连接，多点保证避雷线的安装稳固。

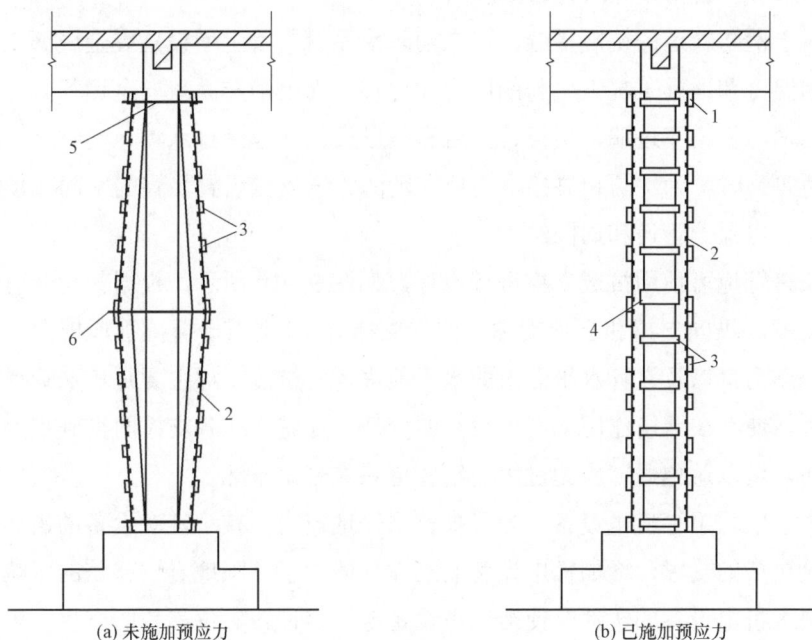

(a) 未施加预应力　　　　　　　　　(b) 已施加预应力

图 9-9　外加预应力法

1—抵承板（传力顶板）；2—撑杆；3—缀板；4—加宽缀板；5—安装螺栓；6—拉紧螺栓

9.2.2　消防系统的抗震技术

9.2.2.1　消防系统的结构特点

消防管道具有冷热水交替的特征，在地震灾害发生时容易发生冷热交替引起的膨胀和收缩。消防管道多为刚性结构，在连接部分与砖墙混凝土直接接触，地震作用下将承受较大的轴力和弯矩。在地震中，建筑物会发生多向晃动，即使消防管道锚固在建筑物内部的梁、柱、板上，仍然会受到局部的拉伸或压缩，进而产生变形受损。消防自动喷水系统的管道在地震中的断裂，往往是由于管道附着建筑构件的移位、坍塌，进而造成系统管道一起受损。

综合水泵房内的低压配电柜，以及消防泵、喷淋泵的控制柜高度较高，而长宽尺寸相对较小。同时控制柜往往摆放在电缆沟槽上，而其地脚却常常未加固。这样的结构在地震摇晃中极容易倾倒，从而导致设备损坏，无法正常供电，严重时还会引发电气火灾。

9.2.2.2　消防系统的抗震设计

对于消防管道的抗震措施，可在消防水系统立管上增设抗震金属膨胀节，补偿因温度和地震工况下引起的应力和位移，保证消防系统安全运行。

当消防管道穿过墙、楼板、平台和基础设施（包括排水沟、消防接头、附属管道等）时，为了防止碰撞，需要在消防管道周围设置足够的空隙或使用柔性接头，以保护管道和周围结构。

长跨管道可使用抗震支撑进行设计，如图 9-10 所示，根据其功能可分为横向支撑、纵向支撑和立管支撑（四向支撑），分别用于抵抗管道横向、纵向水平地震力，以及立管水平面内的水平地震力。抗震支撑主要是增加管道系统的刚性，使其在地震作用下产生较小的变形。地震力在各支撑间得到较为均匀的分布，可以避免局部应力过大而给管道系统带来破坏。

对于消防泵等机电设备，为了抵抗水平地震力，减小其对设备的破坏，需要加设更多的支撑，增加机电设备的刚性。而为了消除地震位移差的影响，则需要增大机电设备的柔性，使得机电设备能够容许较大位移差的产生，可以采取的措施包括设置柔性接头、减少支撑等。

当消防水泵和消防水池位于独立的两个基础上且相互为刚性连接时，吸水管上应加装柔性连接管，管道穿过钢筋混凝土消防水箱或消防水池时，对有震动的管道应加设柔性接头。

针对消防自动喷水系统的管道容易被地震波摇垮的情况，将喷水管道安装时就主要附着在建筑物的梁、柱和现浇板上，只把少部分非承力的支架锚固定在墙体上，从而保证喷水管道不会因为墙体的移位，坍塌而受损，如图 9-11 所示。

图 9-10　消防管道防震缝接头

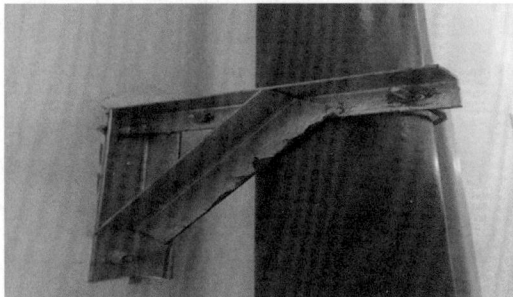

图 9-11　消防管道支架

对建筑物内部的管道，可在管道上每隔一定距离增设一个橡胶柔性接头或不锈钢波纹管，作为其在地震摇晃中的位移补偿装置，减小受损概率。

对于综合水泵房内的低压配电柜和喷淋泵控制柜，其底部需与地面锚固，或在底部用型钢制作一个固定在地面或现浇墙体上的机座，然后将柜体锚固在机座上，以保证地震时配电柜不会倾倒。

9.2.3　供水系统的抗震技术

9.2.3.1　供水系统的结构特点

供水系统主要设备，如消防水泵、稳压水泵、气压罐、供水机组、泡沫罐等，均采用钢筋混凝土基础。因此，供水设备与埋地基础的可靠连接显得尤为重要。供水系统的管道主要分为生活供水管、站外补给水管、消防水管、事故排油管、阀冷管、雨水管、生活污水管等。不同供水管道结构各有不同，对抗震性能的需求也各不相同。

9.2.3.2　供水系统的抗震设计

供水系统的主要设备应以钢筋混凝土为基础，设备基础设计荷载按换流站设防烈度来计算，设备采用焊接或螺栓与基础可靠连接。

管道穿越建构筑物墙壁或基础时设置柔性套管嵌固穿过时，在建构筑物外适当位置管道上设柔性连接。检查井、阀门井采用钢筋混凝土结构。

管道材质优先选用连续式管道，如钢管、球墨铸铁管、塑料管等。换流站室内生活供水管、排水管应采用具备一定的柔韧性，容易移动、弯曲的三丙聚丙烯（PP-R）管、硬聚氯乙烯（UPVC）管等。钢管具有良好的抗震性能，站外补给水管及泡沫消防管采用内外热镀锌钢管，消防水管采用镀锌无缝钢管，事故排油管采用焊接钢管，阀冷管道采用不锈钢管。预应力钢筋混凝土管、高密度聚乙烯双壁波纹雨水管在应用中具有较好的抗震性能，尤其采用柔性连接的两种抗震能力更好，换流站雨水管管径不大于 DN500 的，采用高密度聚乙烯双壁波纹管，管径大于 DN500 的，采用预应力钢筋混凝土管。生活污水管采用高密度聚乙烯双壁波纹管。

无论是给水管还是排水管，采用承插式接口时，应采用柔性接口。钢管采用焊接方式连接，PE 管采用柔性承插连接，UPVC 管采用密封胶圈柔性连接，高密度聚乙烯双壁波纹排水管、预应力钢筋混凝土管采用橡胶圈接口。

9.2.4　空调系统的抗震技术

9.2.4.1　空调系统的结构特点

在结构特征方面，空调系统包含众多类型的设备管线，管线种类包括空调冷热水管、冷却水管、空调风管、防排烟系统风管等。

空调主体连接管道一般采用 PVC 软管及金属管，导通距离较长，部分 PVC 管道不具备可伸缩属性，管道刚度低，承载力不足，一旦遭遇强烈地震作用，空调管道受到强大地震作用力，容易发生不可逆的破裂和损坏。同时空调管道内承载冷热水，热胀冷缩效应明显，容易在温度变化和地震情况下引起应力破坏和位移。

9.2.4.2　空调系统的抗震设计

在空调建设过程中建议使用抗震支吊架固定空调管线（如图 9－12 所示），对于抗震支吊架，设计内容应包括确定设计标准和设置范围、选型应力计算、点位布置等。在管线上增设抗震金属膨胀节，补偿因温度和地震工况下引起的应力和位移。同时管道应设置伸缩节。抗震支吊架可根据其使用用途分为以下几类，如表 9－1 所示。

表 9－1　　　　　　　　　　　抗震支吊架使用用途

支吊架类型	使用用途	主要适用对象
抗震支吊架	与建筑结构体牢固连接，以地震力为主要荷载	各类风管、空调冷热水管、供暖热水管
固定支吊架	固定管道位置，限制管道轴向、径向位移，以管道膨胀收缩产生的推力为主要荷载	空调冷热水管、供暖热水管

续表

支吊架类型	使用用途	主要适用对象
滑动支吊架	提供管道支承，不限制管道轴向、径向位移，以支撑对象重力为主要荷载	空调冷热水管、供暖热水管
导向支吊架	提供管道支承，限制径向位移，不限制管道轴向位移，以支撑对象重力为主要荷载	空调冷热水管、供暖热水管
承重支吊架	提供管道、设备支承，以支撑对象重力为主要荷载	空调冷热水管、供暖热水管、各类风管、设备
防晃支吊架	防止管道、设备晃动位移，以水平力为主要荷载	空调冷热水管、供暖热水管、各类风管、设备

电缆、空气压缩机、接地线等，可通过外包钢的方法防止地震时被切断。同时冷水机组、水泵、风阀等设备可采用截面加固法、增加构件加固法、预应力加固法等方式加强抗震防护。

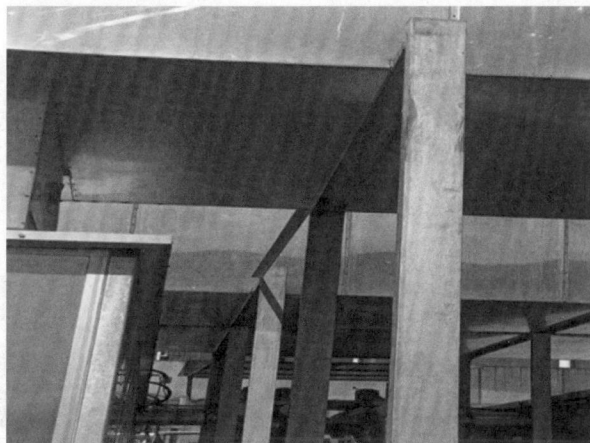

图 9-12 空调系统抗震支吊架

9.3 辅助类设备设施运维要求

9.3.1 日常巡维

1. 构筑物日常巡维

（1）检查地面有无开裂、空鼓现象。

195

（2）检查门窗关启是否灵活，门窗及附件有无损坏现象。

（3）外墙面砖是否有空壳、开裂、脱落。

（4）内外墙涂料饰面是否有开裂、空鼓、起皮和脱落。

（5）检查外墙及外墙窗是否有渗漏现象。

（6）防护栏杆是否存在不稳固现象，检查金属构件是否牢固。

（7）外露管道是否锈蚀、破损，有无变形。

（8）建筑物有无明显不均匀沉降。

（9）设备基础有无破损，表面有无结构性裂缝，有无沉陷。

（10）电缆沟道、构支架基础、排水管沟等二次填土有无明显沉陷。

2. 消防系统日常巡维（如图 9－13 所示）

（1）检查消防报警主机功能是否正常。

（2）消火栓阀门是否关闭，有无漏水。

（3）消防水泵及稳压泵启动是否正常。

（4）检查电动机外观有无变形、损伤、锈蚀，机械性能是否良好。

（5）检查水泵轴与电动机的连接部位有无松动、变形、损伤和锈蚀。水封有无漏水，有无变形损伤，螺栓螺母是否松动。

（6）柜体有无破损、变形。

图 9－13　消防水泵阀门检查

3. 供水系统日常巡维（如图 9-14 所示）

（1）检查水泵工作时运转声音是否平稳，有无异常声响。

（2）检查水泵、进出水管道及阀门有无渗漏水、锈蚀。

（3）检查管道出水压力表计是否完好，压力是否在正常范围内。

（4）检查系统管道及阀门有无渗漏水、锈蚀，是否正常开启或关闭。

（5）开展动力屏及控制柜红外测温，如发现异常，记录数据并保存图片。

图 9-14　水泵阀门检查

4. 空调系统日常巡维

（1）检查风机运行是否正常。

（2）检查回风阀、送风阀是否正常开启。

（3）检查滤网进风面有无杂物堵塞、有无破损现象。

（4）检查压缩机外壳有无裂纹，本体有无裂纹、破损，运行声响有无异常。

（5）检查管道、阀门和连接处有无泄漏现象，水泵运行有无异响、发热现象。

（6）检查冷凝风机是否有异响。

9.3.2　专业巡维

1. 构筑物专业巡维

（1）采用声波探伤仪等检查结构内部的可靠性。

（2）必要时进行结构的加固。

2. 消防系统专业巡维

（1）消防系统信号稳定性检查。

（2）检查现场消防设备有无渗漏水，基础有无下降，消防水池水位是否正常，消防建构筑物有无破损，消防泵、稳压泵运行有无异常声响。

（3）消防雨喷淋试验。

（4）对消防管道开展应力、构件、减震情况检查。

3. 供水系统专业巡维

（1）检查站内及站外排水系统，查看管道是否堵塞。

（2）检查浮球、液位传感器运行是否正常。

（3）雨喷淋试验。

（4）外来水源进水管维护，漏水修补等。

（5）水池维护、清洗、浮球故障修复、防腐处理等。

4. 空调系统专业巡维

（1）空调系统定期轮换。

（2）空调系统红外测温。

（3）对冷水机组、水泵、风阀应力、位移情况进行应力实验测量检查。

（4）对空调支吊架、管道应力、位移情况进行应力实验测量检查。

9.3.3 动态巡维

需结合不同的触发类型，展开不同的巡维类型。触发类别为Ⅰ级时，无须展开巡维；为Ⅱ级时，无须展开巡维；为Ⅲ级时，需展开日常巡检；为Ⅳ级时，需展开性能检测、停电维护、检修试验；为Ⅴ级时，需展开性能检测、停电维护、检修试验。

9.4 辅助类设备设施检测方法

9.4.1 概述

在换流站中，其他辅助类设备是指无法归类到支柱、悬吊、斜向长套管、套管、箱体等类型的设备。主要包括 GIL、GIS、空调系统、消防系统、供水系统、屏柜、构（建）筑物等。

辅助类设备的抗震检测方法包括地震动态测试、结构强度评估、定期巡检、振动测试、应急演练，以及技术监控系统等多种手段，通过这些手段可以有效提升设备的抗震能力，保障设备在地震发生时的正常运行和人员安全，尽可能减少地震对其造成的损害。

9.4.2 检测要求及准备

换流站辅助类设备的检测是确保站点运行安全和可靠性的重要环节。以下是对换流站辅助类设备检测的一般要求及准备工作。

9.4.2.1 检测要求

1. 试验环境条件要求

（1）环境温度：0～40℃。

（2）天气条件：宜晴天。

（3）相对湿度：不大于 60%。测试现场周围空气中没有明显的灰尘、烟雾、腐蚀性气体、蒸汽、烟雾污染物或沙尘。

2. 检测设备性能要求

（1）测量仪器（如水准仪、全站仪等）、测量标志物（如测量点或测量管）、水位计、地表测量仪器：确保其与检测设备的配合性和稳定性。

（2）力锤、激振锤用配件：选择适用于力锤和激振锤的配件，确保其与检测设备的配合性和稳定性，包括但不限于触发器、传感器等。

（3）超声波探伤耦合剂：选择符合相关标准的超声波探伤耦合剂，确保其与检测设备的兼容性和稳定性。

3. 检测程序要求

（1）符合地震设计规范：辅助类设备的设计和安装必须符合当地的地震设计规范和标准，确保设备在地震发生时能够承受预期的地震力。

（2）抗震能力评估：对辅助类设备进行抗震能力评估，包括结构强度、连接方式、支撑结构等方面的抗震性能评估，以确定设备是否满足地震要求。

（3）动态响应测试：进行地震动态测试，模拟不同强度的地震动作，评估设备在地震时的动态响应情况，包括振动幅度、变形程度等。

（4）定期巡检与维护：定期对辅助类设备进行巡检和维护，检查设备的固定连接是否牢固、关键部件是否正常运行等，及时发现和修复潜在的问题。

（5）振动测试与分析：进行振动测试和分析，评估设备在地震振动下的稳定性和可靠性，发现潜在的振动故障点，并采取相应措施加固或修复。

（6）应急演练和预案更新：定期组织应急演练，模拟地震发生时的情景，测试设备的应急响应能力和人员的处置能力，并根据演练结果不断更新和完善应急预案。

（7）技术监控系统：建立完善的技术监控系统，实时监测辅助类设备的运行状态和振动情况，一旦发现异常，立即采取措施进行修复或隔离。

9.4.2.2　检测准备

为了有效地进行换流站辅助类设备的检测工作，确保站点运行的安全和可靠性，需要以下准备工作。

（1）确定检测范围和目标：首先需要确定要检测的辅助类设备范围，包括GIS、GIL、空调系统、消防系统、供水系统等。同时确定检测的具体目标，例如评估设备的抗震能力、检查设备的连接件状态等。

（2）收集相关资料：收集与辅助类设备相关的技术资料、设计图纸、安装手册等信息，了解设备的技术规格、结构特点、安装方式等，为后续检测工作提供参考。

（3）制定检测方案：根据检测范围和目标制定详细的检测方案，包括检测方法、检测工具和设备、检测流程、安全措施等，确保检测过程科学合理、安全可靠。

（4）准备检测设备和工具：根据检测方案准备所需的检测设备和工具，包括地震模拟器、振动测试仪器、测量工具、安全防护装备等，保证检测工作的顺利进行。

（5）安全培训和指导：对参与检测工作的人员进行安全培训和指导，包括地震安全知识、操作规程、应急处理等，提高人员的安全意识和应急响应能力。

（6）检测现场准备：对检测现场进行准备工作，包括清理现场、移动或固定设备、设置安全警示标志、确保通风良好等，为检测工作的顺利进行提供良好的环境条件。

（7）沟通和协调：与相关部门和人员进行沟通和协调，包括设备管理部门、施工单位、安全监管部门等，确保检测工作的顺利进行和安全可控。

9.4.3　检测类别

9.4.3.1　设备结构稳定性检测

设备地基稳固检测是确保设备在其支撑基础上能够安全、稳定运行的关键步骤。这种检测通常涵盖多个方面，包括地基沉降检测、地基变形检测、地基周围环境检测、螺栓连接稳定性检测和基础连接板水平度检测等。

（1）地基沉降检测：通过测量设备基础在使用过程中的沉降情况，判断地基是否稳定。常用的检测工具包括测量仪器（如水准仪、全站仪等）和测量标志物（如测量点或测量管）。

（2）地基变形检测：检测地基是否发生变形，例如倾斜、扭曲等。这通常需要安装倾斜计、位移传感器或变形传感器等检测设备，实时检测地基的变形情况。

（3）地基周围环境检测：检测地基周围的环境条件，如地下水位、地表沉降、周边建筑物变化等，以评估这些因素对地基稳定性的影响。检测工具可以是水位计、地表测量仪器等。

（4）螺栓连接稳定性检测：对设备上的螺栓连接进行检测，确保其紧固力和连接稳定性。定期检查螺栓是否存在松动、腐蚀或损坏。

（5）基础连接板水平度检测：检测设备基础连接板的水平度，确保设备在运行时处于水平状态。

GIL 和 GIS 是一种用于高压电气系统中的开关设备，常见于输电和配电系统中。与传统的空气绝缘开关设备相比，GIS 利用硫化气体等绝缘介质代替了空气，使得设备更加紧凑，具有更高的绝缘性能和更低的维护要求。GIS 通常由金属封闭的隔室组成，内部填充着绝缘气体，可通过视觉检查输电线路支架、连接件等的螺栓是否松动、腐蚀等情况。使用振动传感器检测运行时的振动情况，判断结构是否稳定。检查设备的连接、支架等结构是否存在裂纹、松动等现象。使用动力学模拟软件对 GIS 设备在地震作用下的响应进行分析，评估结构稳定性。

针对空调系统（如图 9-15 所示），检查空调设备固定是否牢固，避免地震时摇晃。使用非破坏性测试方法，如超声波检测，检查管道连接是否牢固。

图 9-15　空调系统

9.4.3.2　设备地基稳固检测

针对 GIS（如图 9-16 所示），检查 GIS 设备的基础和地基，确保基础深度、材料符合要求。使用地质雷达等设备对地基进行探测，评估地基的稳固情况。

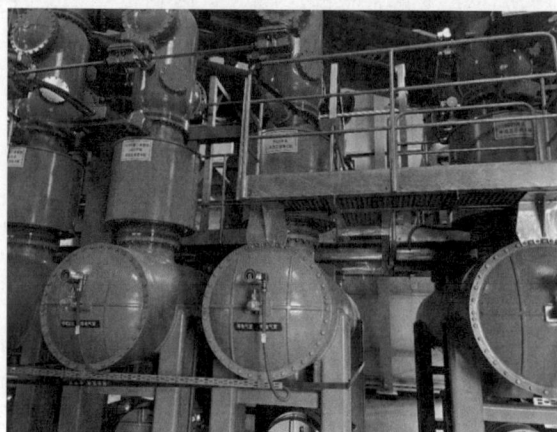

图 9-16　气体绝缘开关设备

针对屏柜、构（建）筑物，检查屏柜、建筑物基础是否有裂缝、沉降等情况。使用地震波传播速度测试等方法，评估地基的稳固性。

9.4.3.3　设备损伤检测

针对消防系统（如图 9-17 所示），定期进行消防设备的检查，确保阀门、管道等完好。进行非破坏性测试，如压力测试、泄漏检测，发现潜在的损伤。

针对供水系统，检查供水管道、阀门等的连接是否牢固。使用红外热成像等技术检测管道是否存在漏水、渗漏等情况。

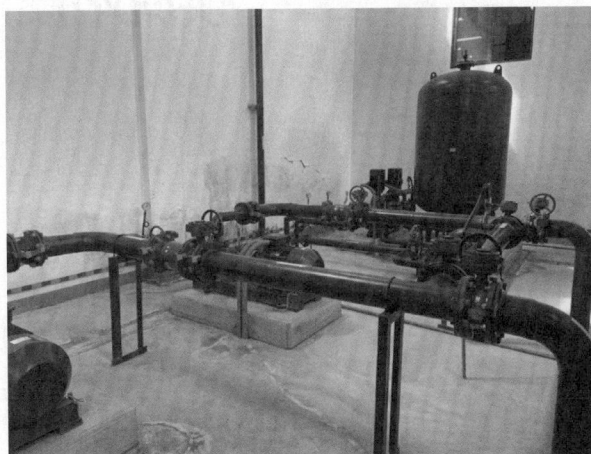

图 9−17　消防系统

9.4.3.4　红外检测

针对空调系统，使用红外热成像仪检测空调设备的温度分布，发现可能的过热现象。

针对屏柜、构（建）筑物，运用红外热成像技术，检测设备和建筑结构的热量分布。通过热成像，发现潜在的电气故障、局部损伤等问题。

9.4.3.5　模拟仿真技术应用

针对 GIS，运用有限元分析等仿真技术，模拟地震下 GIS 设备的应力分布。通过模拟分析，评估设备在地震中的受力情况，指导加固设计。

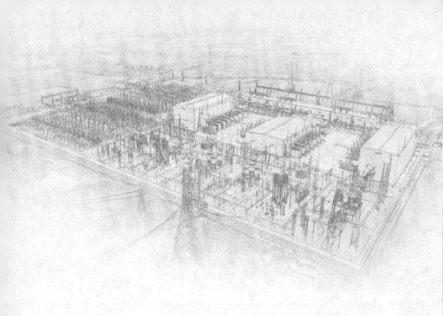

10 换流站震后应急处置

10.1 震后应急的意义

在地震灾害发生后，换流站的应急处置直接关系到电力系统的运行和稳定性。引入换流站震后应急处置不仅仅是为了应对紧急状况，更是为了保障人员安全、设备的可靠性，以及维护电力系统的连续供电。

在国内外，已经发生过多起换流站震后应急处置的实践案例，其中有成功的经验，也有失败的教训。例如，2008 年汶川地震后，国网四川省电力公司迅速启动应急响应，组织专业人员对换流站进行检查和评估，制定抢修方案和恢复计划，及时恢复了换流站的正常运行，保障了电力系统的供电需求。而在 2011 年日本东北地震后，东京电力公司的换流站受到地震和海啸的双重影响，造成了严重的设备损坏和功能失效，导致了电力系统的大规模停电和核电站的事故，给日本社会和经济带来了巨大的损失。

换流站震后应急处置面临着许多难点和挑战：地震灾害的不可预测性和突发性，给换流站的应急处置带来了时间和空间上的限制和压力；地震灾害的复杂性和多样性，给换流站的应急处置带来了技术和管理上的困难和风险；地震灾害的广泛性和连锁性，给换流站的应急处置带来了协调和资源上的需求和挑战。

为了有效地应对这些难点和挑战，本章将从组织机构与责任分工、地震事件分级与响应分级、紧急阶段——人员安全与初步救援、应急响应阶段——协调与资源调配、信息管理与公开、后期处置与总结六个方面，介绍换流站震后应急处置的基本原则、方法和流程，旨在为换流站震后应急处置提供一个全面而灵活的指导框架。

10.2　震后应急的组织与分工

10.2.1　组织机构与责任划分

换流站震后应急处置的组织机构与责任分工包括应急指挥中心、专项应急指挥部、现场指挥部和现场工作组四个层级，各层级之间相互协调和配合，形成一个有效的应急处置体系，各机构及对应职责如表 10-1 所示。

表 10-1　　　　　　　　　换流站震后应急处置的各层级职责

层级	职责
应急指挥中心	（1）负责制定换流站震后应急处置的总体预案和方针，明确应急处置的目标、原则、流程和要求。 （2）负责协调和调配换流站震后应急处置的各类资源，包括人员、物资、装备、资金等，保障应急处置的顺利进行。 （3）负责发布换流站震后应急处置的紧急通告和指令，与其他相关部门和单位保持联络，确保信息的及时传递和反馈。 （4）负责对换流站震后应急处置的决策和指挥，根据灾情的变化和需求的变化，及时调整和优化应急处置的策略和措施
专项应急指挥部	（1）负责制定换流站震后应急处置的各类专项预案，针对不同类型和等级的地震灾害，制定相应的应急处置的方案和措施。 （2）负责组织和培训换流站震后应急处置的专业人员，提高应急处置的技能和水平，增强应急处置的能力和信心。 （3）负责协调和调配换流站震后应急处置的各类专业资源，包括专家、技术、设备、物资等，保障应急处置的专业性和有效性。 （4）负责提供换流站震后应急处置的专业支持和指导，根据现场的实际情况和需求，提供相应的技术和方法，解决应急处置中的难题和困难
现场指挥部	（1）负责协调和指挥换流站震后应急处置的现场救援和抢修工作，根据上级的指令和现场的情况，制定和执行现场的应急处置的计划和任务。 （2）负责向上级报告和反馈换流站震后应急处置的现场灾情和救援情况，包括人员伤亡、设备损坏、运行状态、资源需求等，及时获取和传递应急处置的信息和指令。 （3）负责协调和调配换流站震后应急处置的现场资源，包括人员、物资、装备、场地等，保障应急处置的有序进行。 （4）负责监督和管理换流站震后应急处置的现场安全，采取必要的安全措施，防止和避免应急处置中的事故和风险
现场工作组	（1）负责根据现场指挥部的安排和指示，协助和配合现场指挥部进行换流站震后应急处置的具体工作，按照各自的专业领域和职责，完成相应的应急处置的任务和目标。 （2）负责向现场指挥部报告和反馈换流站震后应急处置的工作进展和结果，包括工作内容、工作效果、工作问题、工作建议等，及时获取和传递应急处置的信息和指令。 （3）负责协调和配合换流站震后应急处置的其他工作组，形成一个协同的应急处置的团队，共同完成应急处置的工作。 （4）负责做好换流站震后应急处置的工作记录和总结，包括工作过程、工作方法、工作经验、工作收获等，为换流站震后应急处置的总结和评价提供数据和依据

10.2.2　现场工作组

现场工作组为现场指挥部下设的协同小组，包括各专业领域的专家，协助指挥中心进行具体的应急处置。地震发生后，根据现场需要，换流站内应迅速成立现场工作组，包括但不限于现场指挥组、设备抢修工作组、网络安全保障组、应急值班组、次生灾害防御组、新闻舆情组。各工作组组长由现场指挥部总指挥或副总指挥指定，成员由换流站各专业部门相关人员组成。

1. 现场指挥组

现场指挥组应负责统筹安排换流站内外的人力、物力、财力等资源，根据应急响应级别和现场情况，及时调动和分配各类应急队伍、物资、装备等，保障应急救援和抢修工作的顺利进行。

具体职责：与现场指挥部保持联系，及时汇报换流站的损失情况和救援需求，协调上级和外部的支援资源；根据现场指挥部的指令，组织和调度换流站内部的应急人员，合理分配任务和责任，确保人员安全和效率；统计和管理换流站的应急物资和装备，包括医疗、消防、通信、抢修等方面，根据使用情况，及时申请补充和更换；做好应急资源的登记、台账和档案管理，确保信息准确、完整、及时。

2. 设备抢修工作组

设备抢修工作组应负责组织和实施换流站内的设备检查、维修、恢复等工作，尽快恢复换流站的正常运行。

具体职责：根据地震事件等级和现场指挥部的安排，对换流站内的各类电气设备进行震后特巡，及时发现和排除隐患，评估设备的损坏程度和运行状态；根据特巡结果和抢修的紧急程度，制定抢修计划和方案，明确抢修的目标、步骤、方法、人员、物料、工期等；按照抢修计划和方案，组织和指挥抢修人员，采取有效的措施，保证抢修的质量和安全，及时汇报抢修的进展和结果；对抢修过程中出现的问题和困难，及时分析和解决，或向上级汇报和求助，避免发生二次事故；做好抢修的记录、验收和交接，确保设备的完好和可靠。

3. 网络安全保障组

网络安全保障组应负责维护和保障换流站内的通信、监控、数据等网络系统的安全和稳定，应对网络攻击、病毒、故障等。

具体职责：对换流站内的各类网络设备和系统进行震后检查和恢复，及时发现和处理网络异常和风险，防止和遏制网络攻击、病毒、故障等事件的发生和扩散；对换流站内的各类网络数据进行备份和恢复，防止数据的丢失和损坏，保证数据的完整和有效；与内外部网络安全机构保持联系，及时获取和分享网络安全的信息和资源，协调和支持网络安全的应急处置和恢复工作；做好网络安全的记录、报告和汇总，确保网络安全的信息和数据的准确、完整、及时。

4. 应急值班组

应急值班组应负责在地震发生后，保持换流站的正常运行和管理，协助和配合其他工作组的工作，保障换流站的安全和稳定。

具体职责：根据地震事件等级和现场指挥部的安排，安排和调整换流站的值班人员和班次，确保换流站的正常运行和管理；对换流站的运行参数和状态进行监测和记录，及时发现和报告异常情况，按照规定程序和指令，进行调度和控制；与内外部相关单位保持联系，及时传递和接收换流站的运行信息和指令，执行和落实上级的决策和要求；协助和配合其他工作组的工作，提供必要的支持和协助，保障换流站的安全和稳定；做好应急值班的记录、交接和汇报，确保换流站的运行和管理的连续性和有效性。

5. 次生灾害防御组

次生灾害防御组应负责预防和应对换流站内可能发生的次生灾害，如火灾、泄漏、崩塌、滑坡等，减少次生灾害对换流站的影响和损害。

具体职责：根据换流站的地理位置、地质条件、建筑结构、设备特点等，评估换流站内可能发生的次生灾害的类型、程度和危害，制定相应的防御措施和预案；在地震发生后，对换流站内的火灾、泄漏、崩塌、滑坡等次生灾害进行及时的排查和处置，采取有效的措施，控制和消除次生灾害的发生和扩散；与内外部的防灾减灾机构保持联系，及时汇报和反馈次生灾害的情况和需求，协调和支持次生灾害的救援和防御工作；做好次生灾害的记录、报告和汇总，确保次生灾害的信息和数据的准确、完整、及时。

6 新闻舆情组

新闻舆情组应负责换流站内的信息报送和公开工作，及时、准确、全面地向上级和社会公众传递换流站的救灾情况和进展，维护换流站的形象和声誉。

具体职责：根据地震事件等级和现场指挥部的安排，及时向上级部门报送换流站的救灾信息，包括损失情况、救援进展、资源需求、设备恢复等；根据上级部门的要求，及时向社会公众公开换流站的救灾信息，包括救灾措施、救灾成效、救灾感言等，回应社会关切，树立换流站的正面形象；对换流站内外的新闻舆情进行监测和分析，及时发现和处理不利舆情，防止和消除负面影响，维护换流站的声誉和信誉；与内外部的新闻媒体保持联系，及时获取和提供新闻素材，协助和配合新闻采访和报道，展示换流站的救灾工作和成果；做好新闻舆情的记录、报告和汇总，确保新闻舆情的信息和数据的准确、完整、及时。

10.3　地震事件分级与响应分级

地震事件分级是根据地震对换流站的影响程度，将地震事件划分为不同的等级，以便采取相应的应急措施。地震应急响应分级是根据地震事件等级和换流站的实际情况，确定应急响应的级别和范围，以便调动相应的资源和力量。

10.3.1　地震事件等级划分

地震事件等级划分的主要依据是地面运动峰值加速度（PGA），即地震发生时，地面在垂直方向上的最大加速度。PGA 反映了地震对建筑物和设备的破坏力，一般认为，PGA 越大，地震破坏力越强。

1. 地面运动峰值加速度确定

地面运动峰值加速度的确定方法有两种，一种是仪器直接监测，另一种是公式间接换算。

（1）仪器直接监测。地震发生时，若换流站内配备有完备的加速度监测系统，以站内仪器监测到的加速度峰值作为地面运动峰值加速度数值，作为此次地震事件等级划分指标。这种方法的优点是准确、直观、及时，但是需要换流站安装和维护相应的仪器设备，并保证其正常工作。

（2）公式间接换算。地震发生时，若换流站内未配备有完备加速度监测系统或采集的数据存在明显错误，则利用地震动衰减规律经验公式进行换算，作为此次地震事件等级划分指标。这种方法的优点是简便、通用，但是需要根据地震局公布的震级数值，以及换流站所在位置离震中的距离进行计算，公式为

$$\lg(\text{PGA}) = (-2.7317 + 0.0889M)\lg(R+13) + 0.288M + 3.5549$$

式中：PGA 为目标位置地面运动峰值加速度；M 为此次地震的震级；R 为目标位置震中距。

2.地震事件等级划分细则

地震事件等级划分不仅要考虑地面运动峰值加速度，还要结合换流站的重要程度（电压等级）、设备整体抗震水平等因素进行调整，以更准确地反映地震对换流站的影响程度，参考分级如表 10−2 所示。当换流站重要程度较低或设备整体抗震水平较高时，可以适当降低事件等级；当换流站重要程度较高或设备整体抗震水平较低时，可以适当提高事件等级。

表 10−2   地震事件等级划分

地震事件等级	PGA 范围	事件描述
1 级	PGA≥0.3g	严重地震，可能造成换流站重大损失，需要立即启动应急响应
2 级	0.2g≤PGA<0.3g	中等地震，可能造成换流站一定损失，需要尽快启动应急响应
3 级	0.1g≤PGA<0.2g	轻微地震，可能造成换流站轻微损失，需要及时启动应急响应
4 级	PGA<0.1g	微弱地震，不会造成换流站损失，不需要启动应急响应

10.3.2 地震应急响应分级

地震应急响应分级是根据地震事件等级和换流站的实际情况，确定应急响应的级别和范围，以便调动相应的资源和力量。按照地震事件等级划分 1～4 级，地震应急响应等级由高到低依次分为Ⅰ、Ⅱ、Ⅲ、Ⅳ级，参考分级如表 10−3 所示。

表 10−3   地 震 应 急 响 应 分 级

应急响应等级	地震事件等级	响应
Ⅰ级	1 级	全面响应，启动应急指挥中心，组建专项应急指挥部，派出现场指挥部，全力开展救援和抢修工作
Ⅱ级	2 级	部分响应，启动应急指挥中心，组建专项应急指挥部，派出现场工作组，积极开展救援和抢修工作
Ⅲ级	3 级	有限响应，启动应急指挥中心，组建专项应急指挥部，根据需要派出现场工作组，适度开展救援和抢修工作
Ⅳ级	4 级	常态响应，启动应急指挥中心，根据需要组建专项应急指挥部，根据需要派出现场工作组，正常开展救援和抢修工作

10.4　紧急阶段：人员安全与初步救援

地震发生时，换流站内的人员安全是首要的考虑因素，应立即采取有效的避险和撤离措施，避免或减少人员伤亡。地震停止后，应及时评估人员伤亡情况，开展紧急救援工作，尽可能挽救生命。同时，应对换流站内的建筑物、构筑物进行特巡，评估其抗震性能，防止发生次生灾害。

1. 人员紧急避险与撤离

在地震发生时，换流站内的所有人员应立即采取紧急避险措施，如就近躲避在坚固的桌子、柜子等物体下，或者靠近墙角、门框等结构较稳固的地方，避免在玻璃、吊顶、灯具等易碎或掉落的物品下方，避免在楼梯、电梯、走廊等通道内。这些措施可以有效地保护人员的头部和身体，防止被坠落的物品或倒塌的建筑物砸伤。

待震感消失或明显减弱后，应立即组织站内人员到达应急避难场所处避震。避震过程要快速有序进行，按照逃生路线图规定的路线撤离，切勿使用电梯，左手护头前行，右手搭肩，服从统一安排。这些措施可以有效地避免人员在撤离过程中发生拥挤、踩踏、摔倒等事故，保证人员的安全和秩序。

2. 伤亡评估与紧急救援

（1）伤亡评估。地震停止后，站内人员应立刻组织评估人员伤亡情况，统计人员的姓名、部门、位置、伤势等信息，及时向上级报告。上级单位根据报告情况，应及时申请救援资源，如救护车、医疗队、救援队等。这些措施可以有效地掌握人员伤亡的实际情况，为救援工作提供依据和支持。

（2）紧急救援。在地震停止后，站内的所有人员应立即进行自救或互救，检查自身和周围人员的伤势，尽可能进行简单的包扎、止血、固定等急救措施，避免擅自移动重伤人员，避免造成二次伤害。站内成员在确保安全的前提下，应用现场应急装备（生命探测仪、铁锹、破拆工具、担架等）开展搜救工作。同时，在必要时，拨打最近的医院或卫生院急救电话，安排安保人员到站门口为应急医疗机构人员引路。这些措施可以有效地提高人员的生存率，减轻人员的伤痛，加快人员的救治和转移。

（3）建筑物、构筑物特巡。在地震停止后，在确保安全的前提下，站内相关工作人员应立即对换流站内的建筑物、构筑物进行特巡，检查是否有倒塌、开裂、变形、漏水、断电等损坏情况，对建筑物、构筑物的抗震性能进行评估，划分为安全、可使用、有限使用和危险四个等级，标明相应的安全标识，禁止人员进入危险区域。这些措施可以有效地防止发生次生灾害，如火灾、爆炸、泄漏等，保障人员和设备的安全。

10.5 应急响应阶段：协调与资源调配

地震停止后，换流站内的人员应及时启动应急响应，根据地震事件等级和换流站的实际情况，确定应急响应的级别和范围，制定应急响应方案，组建应急指挥机构，统筹调配应急队伍、物资、装备等资源，制定和实施设备的抢修计划，恢复换流站的正常运行。

10.5.1 启动应急响应

启动应急响应是地震停止后的第一步，是应急处置的基础和前提，目的是及时、准确、有效地组织和开展应急工作，减轻地震对换流站的影响，保障换流站的安全和稳定。

1. 响应级别确定

在地震停止后，换流站内人员应立即将换流站内的人员伤亡情况、建筑物、构筑物的抢修情况，以及其他相关信息上报相关部门，根据应急指挥中心的应急响应通知，确定应急响应级别。应急响应级别应根据地震事件等级和换流站的实际情况综合确定，一般情况下，应急响应级别与地震事件等级相对应，即1级地震事件对应 I 级应急响应，2级地震事件对应 II 级应急响应，依此类推。但是，也可以根据换流站的重要程度、设备的抗震水平、设备的损坏程度等因素进行适当的调整，提高或降低应急响应级别。

2. 响应信息确定

在应急响应启动后，应急指挥中心应发布应急响应，并同时通过公告、短信、企业通信软件等多种方式将响应信息尽快传达到各相关应急部门。响应信息应包括应急响应的启动情况，说明应急响应的级别、原因、目标、范围、组织机构、指挥人员等信息。响应信息的确定和传达是应急响应的重要环节，可以有效地提高应急响应的效率和质量，避免应急响应的混乱和延误。

3. 响应方案制定

在应急响应启动后，应急指挥中心应制定应急响应方案，明确应急响应的任务、措施、资源、时间、责任等要求，将应急响应方案下达到专项应急指挥部、现场指挥部、现场工作组等相关部门和人员，指导和监督应急响应的实施。应急响应方案是应急响应的指导文件，是应急响应的具体化和操作化，可以有效地保证应急响应的有序和规范，提高应急响应的效果和水平。

10.5.2　应急指挥与协调

应急指挥与协调是应急响应的核心和关键，是应急响应的组织和保障，目的是统一指挥、协调各方，调动各种资源，形成合力，有效地开展应急工作，解决应急问题，消除应急隐患。

1. 应急指挥中心

应急指挥中心是应急指挥与协调的最高机构，是应急响应的决策和指挥中心，负责制定应急响应方案，组织和协调各级应急指挥部和现场工作组，调度和分配应急资源，监督和评估应急工作，处理应急事务，发布应急信息等。在应急响应启动后，根据响应级别不同，Ⅰ级响应原则上由应急指挥中心总指挥负责指挥，Ⅱ级响应原则上由应急指挥中心副总指挥负责指挥，Ⅲ、Ⅳ级响应行动由应急办统一指挥。应急指挥中心应根据应急响应的需要，及时调整应急指挥人员的配置和职责，保证应急指挥的高效和有效。

2. 现场指挥部

现场指挥部是应急指挥与协调的基层机构，是应急响应的执行和实施中心，负责组织和指挥现场工作组，执行应急响应方案，开展现场救援和抢修工作，保障现场安全和秩序，收集和报告现场情况，反馈和解决现场问题等。现场指挥部应根据应急响应的需要，及时调整现场工作人员的配置和职责，保证现场工作的有序和规范。

3. 应急队伍调配

应急队伍是应急响应的主力和保障，是应急响应的实施者和执行者，负责开展现场救援和抢修工作，恢复换流站的正常运行。应急队伍应根据应急响应的需要，及时调整应急人员的配置和职责，保证应急工作的高效和有效。

在应急响应启动后，应统筹调配应急队伍，根据实际情况决定应急队伍的任务分工、专业搭配、投入规模，当应急队伍不能满足应急需求时，应向上申请调遣应急队伍支援。各部门统计各自专业内、外部应急队伍，核查装备、人员、资质，按先近后远的原则，根据应急办要求及事发现场申请开展调配。

现场指挥部应与应急队伍的负责人和联络人保持密切联系，及时了解应急队伍的行进和到达情况，安排应急队伍的接待和安置，指导和监督应急队伍的工作和安全，及时反馈应急队伍的工作情况和效果。

4. 应急物资调配

应急物资是应急响应的重要支撑，是应急响应的物质保障，负责提供应急队伍和设备所需的各种物资，如备品备件、工具、药品、食品、水等。应急物资应根据应急响应的需要，及时调整应急物资的配置和数量，保证应急物资的充足和合理。

在应急响应启动后，应评估灾情，提出当前物资需求预判，将需求量大的、主要的物资需求上报；灾害造成受损后，事发现场应在具备勘查条件时组织现场查勘，收集设备、设施损失情况，汇总物资需求，上报至上级管理部门，由上级管理部门统筹调配在库物资及在建项目物资；物资不能满足需求时，由上级管理部门及时申请支援。

现场指挥部应与应急物资的负责人和联络人保持密切联系，及时了解应急物资的运输和到达情况，安排应急物资的接收和存放，指导和监督应急物资的分发和使用，及时反馈应急物资的使用情况和效果。

5. 应急装备调配

应急装备是应急响应的重要工具，是应急响应的技术保障，负责提供应急队伍和设备所需的各种装备，如生命探测仪、铁锹、破拆工具、担架、发电机、照明灯、通信设备等。应急装备应根据应急响应的需要，及时调整应急装备的配置和数量，保证应急装备的完好和有效。

在应急响应启动后，应第一时间做好各类应急装备的出动准备，根据灾情预判研究决定是否提前部署到位，当应急装备不能满足需求时，应梳理需求，及时向应急办申请支援，应急办根据事发现场需求协调调配应急装备。

现场指挥部应与应急装备的负责人和联络人保持密切联系，及时了解应急装备的运输和到达情况，安排应急装备的接收和安置，指导和监督应急装备的操作和维护，及时反馈应急装备的使用情况和问题。

10.5.3 抢修计划

抢修计划是应急响应阶段的重要内容，是应急响应的目标和成果，目的是尽快恢复换流站的正常供电，保障电网的安全和稳定。抢修计划的制定和实施，主要包括以下三个步骤：震后特巡、抢修计划制定，以及抢修计划实施。

1. 震后特巡

震后特巡是抢修计划的前提和基础，是抢修计划的依据和参考，目的是及时了解换流站内设备的损坏情况，评估设备的抗震性能，确定设备的抢修优先级和难度。

震后特巡的主要内容和要求如下：

（1）在地震停止后，现场工作组应立即对换流站内的设备进行震后特巡，检查是否有断路、短路、跳闸、烧毁、脱落、松动、泄漏等损坏情况，对设备的抗震性能进行评估，划分为安全、可使用、有限使用和危险四个等级，标明相应的安全标识，禁止人员接触或操作危险设备。

（2）现场工作组应按照设备的重要程度和损坏程度，确定设备的抢修顺序，将设备的震后特巡情况及时向现场指挥部报告，现场指挥部向有关上级部门申请抢修资源，如工程队、设备队、物资队等。

2. 抢修计划制定

抢修计划制定是抢修计划的核心和关键，是抢修计划的具体化和操作化，目的是明确设备的抢修任务、措施、资源、时间、责任等要求，指导和监督设备的抢修工作，保证设备的抢修质量和效率。

抢修计划制定的主要内容和要求如下：

（1）现场工作组应根据设备的震后特巡情况，制定设备的抢修计划，明确设备的抢修顺序、方法、步骤、人员、物资、装备、时间、安全等要求，将设备的抢修计划下达到现场指挥部、现场工作组等相关部门和人员，指导和监督设备的抢修工作。

（2）现场指挥部根据设备的抢修计划，组织现场工作组进行设备的抢修工作，与设备的负责人和联络人保持密切联系，及时了解设备的抢修进度和效果，安排设备的抢修人员的轮换和休息，指导和监督设备的抢修安全，及时反馈设备的抢修情况和问题。

3. 抢修计划实施

抢修计划实施的目的是按照设备的抢修计划，进行设备的检查、清理、更换、调试、试运等工作，恢复设备的正常运行，保障换流站的正常供电。

抢修计划实施的主要内容和要求如下：

（1）现场工作组应根据设备的抢修计划，执行设备的抢修工作，按照设备的抢修方法、步骤、人员、物资、装备、时间、安全等要求，进行设备的检查、清理、更换、调试、试运等工作，保证设备的抢修质量和效率。

（2）现场工作组应记录设备的抢修工作，填写设备的抢修报告，说明设备抢修前后的状态、抢修过程中的问题和解决办法、抢修后的测试和验收结果等信息，将设备的抢修报告提交给现场指挥部，现场指挥部根据设备的抢修报告，向应急办报告设备的抢修完成情况。

10.6　信息管理与公开

信息管理与公开是地震灾害应急响应的重要组成部分，是应急响应的信息保障和社会支持。信息管理与公开的目的是及时、准确、全面地收集、汇总、报送、发布和回应地震灾害的相关信息，以便有效地组织和开展应急处置和救援工作，提高应急响应的效率和质量，增强社会对政府的信任和支持。

10.6.1　信息报送流程

在应急处置期间，信息报送的及时性至关重要，是保障应急决策和行动的有效基础。不同信息报送流程之间的协同关系更是确保各级指挥中心和现场指挥部能够迅速获取准确信息，从而实现协同合作的关键。在这一过程中，应急指挥中心负责整体信息的汇总和协调，确保各个环节的信息能够迅速传递到相关部门和现场指挥部。专项应急指挥部则通过专业的渠道，提供特定灾害的详细情报，以支持更有针对性的决策。现场指挥部在信息报送中扮演着重要角色，将现场情况及时传达给上级指挥中心，促使及时决策和资源调配。各级指挥部之间的信息共享和流通,构建了一个高效的信息传递网络,确保了灵敏度和协同性的有机结合,为应急处置提供了坚实的信息支撑。

信息报送流程的具体步骤如下:

(1)现场工作组收集现场信息,包括地震基本情况、受灾情况、救援需求等,并及时向现场指挥部报告。

(2)现场指挥部根据现场工作组的报告,汇总现场信息,并及时向应急指挥中心和专项应急指挥部报告。

(3)应急指挥中心根据现场指挥部和专项应急指挥部的报告,汇总全局信息,并及时向上级政府和相关部门报告。

(4)专项应急指挥部根据现场指挥部的报告,提供专业的分析和建议,并及时向应急指挥中心报告。

(5)各级指挥部根据信息报送的结果,制定和调整应急处置和救援计划,并及时向下级指挥部和现场工作组下达指令。

(6)各级指挥部和现场工作组根据指令执行应急处置和救援任务,并及时反馈执行情况。

(7)各级指挥部和现场工作组根据灾情变化,及时更新信息,并按照流程重新报送。

10.6.2 信息报告

在地震灾害发生后,确保准确而迅速的信息报告至关重要,以便有效地展开应急处置和救援工作。信息报告的准确性和具体性对于指挥中心和现场指挥部做出迅速决策至关重要。首先,报告应包括地震的基本情况,例如震级、震源深度、震中位置等数据。这些信息对于评估地震对地区造成的影响至关重要,也是指挥中心做出灾情评估的基础。其次,报告应包括地震对周边环境和建筑物的影响,如受损建筑物数量、人员伤亡状况、交通道路情况等。这些具体的数据有助于指挥中心全面了解地震灾害的规模和影响范围,以便有针对性地进行应急处置和救援计划。在报告中,要注明当前的紧急需求,比如医疗救援、食品供应、临时住所等。这有助于指挥中心更好地调配资源,满足换流站的基本需求。信息报告的流程应清晰明了,确保各项数据都得到详细的记录和汇总。首先,由现场工作组进行初步调查和估算,然后由当班值长及时将数据传递给站应急工作小组组长。组长负责整理和汇总信息，并通过指定渠道将报告传送至上级指挥中心和相关专项应急指挥部。

信息报告的内容和格式应统一规范，以便于信息的传递和理解。信息报告的内容应包括以下几个方面：

（1）报告基本信息包括报告时间、报告单位、报告人、报告编号等。

（2）地震基本情况，包括地震发生时间、震级、震源深度、震中位置等。

（3）受灾情况，包括受灾区域范围、受灾人口、人员伤亡、房屋倒塌、基础设施损坏、生产停顿等。

（4）救援需求，包括医疗救援、食品供应、临时住所、通信恢复、交通疏通、心理援助等。

（5）应急措施，包括已经采取的应急措施、正在进行的应急措施、计划采取的应急措施等。

（6）其他信息，包括存在的困难和问题、需要的支持和协助、对灾情的预测和评估等。

信息报告的格式应简洁明了，便于阅读和理解。信息报告的格式应包括以下几个方面：

（1）标题：应明确表明报告的主题和目的，如"换流站地震灾害应急处置信息报告"。

（2）正文：应按照内容的顺序，分别用标题、段落、列表、表格等方式组织信息，使信息清晰有序。每个部分的内容应简明扼要，避免冗余和重复。使用数字、百分比、图表等方式展示数据，以增强信息的可视化和可比较性。

（3）结尾：应总结报告的主要内容和结论，提出报告的意义和建议，如"本报告旨在及时向上级指挥中心和相关部门反映换流站地震灾害的应急处置情况，以便于进一步的决策和支持。建议加强与各方的信息沟通和协调，优化资源调配和救援计划，尽快恢复换流站的正常运行。"

（4）附件：如有必要，可附上相关的图片、视频、文件等，以补充和说明报告的内容。附件应标明序号、名称和来源，如"附件一：换流站受损情况照片，来源：现场工作组"。

信息报告的示例如表 10-4 所示。

表 10-4 信息报告示例

<table>
<tr><td colspan="4" align="center">换流站地震灾害应急处置信息报告</td></tr>
<tr><td align="center">报告时间</td><td>2024 年 2 月 19 日 10:00</td><td align="center">报告单位</td><td>×××换流站</td></tr>
<tr><td align="center">报告人</td><td align="center">张三</td><td align="center">报告编号</td><td>XY-20240219-01</td></tr>
<tr><td colspan="4" align="center">一、地震基本情况</td></tr>
<tr><td colspan="4">2024 年 2 月 19 日 9:28，××县发生 6.5 级地震，震源深度 10km，震中位于××县城东北方向 10km 处。主要受灾换流站为××换流站</td></tr>
<tr><td colspan="4" align="center">二、受灾情况</td></tr>
<tr><td align="center">人员伤亡</td><td colspan="3">据统计，换流站共有工作人员 50 人，其中 2 人死亡，10 人受伤，38 人安全</td></tr>
<tr><td align="center">建（构筑物）损坏</td><td colspan="3">据统计，换流站的主控楼、变压器楼、阀厅等建筑物均受到不同程度的损坏，其中主控楼部分倒塌，变压器楼严重开裂，阀厅局部塌陷</td></tr>
<tr><td align="center">基础设施损坏</td><td colspan="3">据统计，换流站的输电线路、通信线路、供水管道、供气管道等基础设施均受到不同程度的损坏，其中输电线路断裂，通信线路中断，供水管道爆裂，供气管道泄漏。周边区域的道路、桥梁、隧道等交通设施也受到不同程度的损坏，其中部分道路塌陷，桥梁断裂，隧道坍塌</td></tr>
<tr><td align="center">电气设备损坏</td><td colspan="3">据统计，换流站内××设备损毁××台……目前，换流站的生产运行完全停止，无法向外输送电力</td></tr>
<tr><td colspan="4" align="center">三、救援需求</td></tr>
<tr><td align="center">医疗救援</td><td colspan="3" rowspan="5">写明医疗队伍、物资、人员调配、维修班组调配需求</td></tr>
<tr><td align="center">资源物资调配</td></tr>
<tr><td align="center">通信恢复</td></tr>
<tr><td align="center">交通疏通</td></tr>
<tr><td align="center">专业队伍</td></tr>
</table>

10.6.3　信息公开

信息公开是地震灾害应急响应的重要组成部分，是提高应急响应的透明度和社会信任度的关键步骤。为了确保信息公开工作的顺利进行，需要引入透明度原则和制定有效的沟通策略。

1. 透明度原则

透明度原则是指在信息公开过程中，应遵循以下三个原则。

（1）信息真实性和准确性：信息公开的内容应该是真实、准确的，不能有任何的虚假、误导或隐瞒。在发布信息时，应优先使用经过核实的数据和事实，以赢得公众的信任和支持。

（2）信息全面性：信息公开的内容应该是全面、客观的，不能有任何的片面、偏颇或遗漏。在发布信息时，应涵盖地震的基本情况、受灾区域、救援和应急措施等各个方面，以便公众全面了解灾情和政府的应对措施，同时避免引发不必要的恐慌和误解。

（3）信息时效性：信息公开的内容应该是及时、更新的，不能有任何的滞后、过时或重复。在发布信息时，应及时通报灾情的最新动态、应急措施的最新进展、资源调配的最新情况等，以便公众及时了解灾情和政府的应对措施，同时增强公众的信心和参与感。

2. 沟通策略的制定

沟通策略是指在信息公开过程中，应采取以下四个策略。

（1）建立专门的信息发布渠道：为了保证信息的及时传达，应设立专门的媒体发布平台，包括官方网站、社交媒体和新闻发布会等，以便公众方便地获取和查看信息。同时，应建立热线和网络平台，方便公众查询和反馈信息，以及提出建议和意见。

（2）定期发布灾情通报：为了保证信息的更新，应制定定期的灾情通报计划，向公众通报灾情的发展趋势、应急措施的执行情况、资源调配的分配情况等，以便公众持续关注、理解灾情，以及政府的应对措施。

（3）开展媒体沟通培训：为了保证信息的一致性和专业性，应为政府部门和救援人员提供媒体沟通培训，教授他们如何正确、有效地发布和回应信息，以及如何避免不当表述和误导性信息的传播。

（4）回应公众关切问题：为了保证信息的互动性和信任度，应关注社会舆论和公众关切，及时回应公众的疑虑和问题，以及消除公众的误解和不满。通过回应公众的疑问，建立政府与公众之间更紧密的沟通桥梁，提高公众对政府的信任度和支持度。

10.7 后期处置与总结

在地震灾害应急响应结束后，应组织开展后期处置工作，包括检查消缺、设备复电、技术改造、资产理赔和总结评价等内容，以恢复换流站的正常运行，总结救灾经验，提高抗震能力。

10.7.1　检查与消缺

检查消缺是后期处置工作的重要内容，其目的是确保换流站的各类设备、线路、建筑物、构筑物等在地震灾害后能够安全、可靠、稳定地运行，恢复换流站的正常运行能力。检查消缺的原则是全面、细致、及时、有效，即要对所有的设备、线路、建筑物、构筑物等进行全面的检查，发现并消除所有的隐患和缺陷，及时采取相应的措施，恢复设备的功能和性能，确保检查消缺的效果。检查消缺的范围包括换流站内的所有设备、线路、建筑物、构筑物等，以及与换流站相关的外部设施，如供电、供水、供气、通信等。检查消缺应按照具体项目和标准，对设备、线路、建筑物、构筑物等进行巡视、检查、评估、标识、记录等工作，形成检查消缺报告，报送给上级主管部门和相关单位。

1. 检查消缺工作的要求

（1）应组织专业人员对换流站的各类设备、线路、建筑物、构筑物等进行全面的检查，发现并消除所有的隐患和缺陷，确保设备的安全性和可靠性。

（2）应根据检查结果，制定并实施相应的维修、更换、加固等措施，恢复设备的功能和性能，消除地震灾害的影响。

（3）应按照相关规范和标准，对检查消缺过程进行记录和归档，形成检查消缺报告，报送给上级主管部门和相关单位。

2. 检查消缺工作的具体检查项目和标准举例

（1）对变压器进行检查时，应检查变压器的油位、油温、油压、油色、油泄漏、油样、油品、储油柜、油箱、油标、油泵、风扇、冷却器、阀门、接地装置、绝缘子、套管、引线、铭牌、防爆片、防火墙、防雷装置、避雷器、测温仪、压力释放装置、气体继电器、变压器保护装置等，评估变压器的运行状态和安全性，判断变压器是否有过热、过载、内部故障、外部短路、油泄漏、油劣化、局部放电、油气分解等异常现象。

（2）对高压断路器进行检查时，应检查断路器的触头、弹簧、液压、气动、电动、机械、电气、绝缘、接地、避雷器、操作柜、辅助触点、联锁装置、铭牌、防护罩、防尘罩、防雨罩、防鸟罩、防腐涂层等，评估断路器的运行状态和安全性，判断断路器是否有触头烧蚀、弹簧失效、液压失压、气动漏气、电动故障、机械卡滞、电气故障、绝缘击穿、接地不良、避雷器击穿、操作柜故障、辅助触点不动作、联锁装置失效等异常现象。

（3）对隔离开关进行检查时，应检查隔离开关的触头、导电臂、支撑杆、绝缘子、接地开关、操作杆、操作柜、辅助触点、联锁装置、铭牌、防护罩、防尘罩、防雨罩、防鸟罩、防腐涂层等，评估隔离开关的运行状态和安全性，判断隔离开关是否有触头烧蚀、导电臂变形、支撑杆断裂、绝缘子破损、接地开关不动作、操作杆卡滞、操作柜故障、辅助触点不动作、联锁装置失效等异常现象。

（4）对母线进行检查时，应检查母线的导线、绝缘子、支架、连接件、避雷器、接地装置、防护罩、防尘罩、防雨罩、防鸟罩、防腐涂层等，评估母线的运行状态和安全性，判断母线是否有导线断裂、绝缘子破损、支架倾斜、连接件松动、避雷器击穿、接地装置不良、防护罩破损、防尘罩脱落、防雨罩漏水、防鸟罩失效等异常现象。

（5）对电压互感器进行检查时，应检查电压互感器的油位、油色、油泄漏、油样、油品、储油柜、油箱、油标、油泵、风扇、冷却器、阀门、接地装置、绝缘子、套管、引线、铭牌、防爆片、防火墙、防雷装置、避雷器、测温仪、压力释放装置、气体继电器、电压互感器保护装置等，评估电压互感器的运行状态和安全性，判断电压互感器是否有过热、过载、内部故障、外部短路、油泄漏、油劣化、局部放电、油气分解等异常现象。

（6）对电流互感器进行检查时，应对电流互感器的油位、油色、油泄漏、油样、油品、储油柜、油箱、油标、油泵、风扇、冷却器、阀门、接地装置、绝缘子、套管、引线、铭牌、防爆片、防火墙、防雷装置、避雷器、测温仪、压力释放装置、气体继电器、电流互感器保护装置等进行检查和评价，发现并记录缺陷和隐患。

（7）对电容器进行检查时，应检查电容器的油位、油色、油泄漏、油样、油品、储油柜、油箱、油标、油泵、风扇、冷却器、阀门、接地装置、绝缘子、套管、引线、铭牌、防爆片、防火墙、防雷装置、避雷器、测温仪、压力释放装置、气体继电器、电容器保护装置等，评估电容器的运行状态和安全性，判断电容器是否有过热、过载、内部故障、外部短路、油泄漏、油劣化、局部放电、油气分解等异常现象。

（8）对避雷针进行检查时，应检查避雷针的绝缘子、支架、接地装置、避雷器、防护罩、防尘罩、防雨罩、防鸟罩、防腐涂层等，评估避雷针的运行状态和安全性，判断避雷针是否有绝缘子破损、支架倾斜、接地装置不良、避雷器击穿、防护罩破损、防尘罩脱落、防雨罩漏水、防鸟罩失效等异常现象。

（9）对建筑物进行检查时，应检查建筑物的结构、墙体、屋顶、地基、门窗、楼梯、电梯、消防、照明、通风、空调、供水、供气、供暖、排水、排污、防雷、防水、防腐、防震等，评估建筑物的稳定性和安全性，判断建筑物是否有结构变形、墙体开裂、屋顶坍塌、地基沉降、门窗破损、楼梯断裂、电梯故障、消防失效、照明故障、通风不畅、空调故障、供水中断、供气泄漏、供暖故障、排水堵塞、排污溢流、防雷故障、防水漏水、防腐脱落、防震失效等异常现象。

（10）对构筑物进行检查时，应检查构筑物的结构、材料、连接件、支撑件、防护件、防腐涂层等，评估构筑物的稳定性和安全性，判断构筑物是否有结构变形、材料破损、连接件松动、支撑件断裂、防护件破损、防腐涂层脱落等异常现象。

10.7.2　设备复电与技术改造

设备复电与技术改造的目的是恢复换流站的正常运行能力，总结地震灾害的影响和教训，提高换流站的抗震能力和运行效率。设备复电与技术改造的原则是安全、可靠、有效，即要在保障人员和设备的安全的前提下，按照相关规范和标准，对换流站的设备、线路、建筑物、构筑物等进行复电和改造，恢复和提升其功能和性能，确保设备复电与技术改造的效果和效益。设备复电与技术改造的范围包括换流站内的所有设备、线路、建筑物、构筑物等，以及与换流站相关的外部设施，如供电、供水、供气、通信等。设备复电与技术改造应按照具体项目和标准，对设备、线路、建筑物、构筑物等进行复电和改造，形成设备复电与技术改造报告，报送给上级主管部门和相关单位。

设备复电与技术改造工作应满足如下要求：

（1）应在检查消缺工作完成后，根据设备的实际情况，制定并实施设备复电方案，逐步恢复换流站的正常运行。

（2）应在设备复电前，对换流站的备用电源进行检查和测试，确保其能够在紧急情况下及时启动和供电。

（3）应在设备复电过程中，严格遵守操作规程和安全措施，防止发生二次事故，保障人员和设备的安全。

（4）应在设备复电后，对换流站的运行参数和状态进行监测和分析，及时发现和处理异常情况，保证换流站的稳定运行。

（5）应根据地震灾害的影响和教训，对换流站的抗震设计、设备配置、运行方式等进行评估和分析，提出技术改造的建议和方案，以提高换流站的抗震能力和运行效率。

（6）应在技术改造方案经过上级主管部门和相关单位的审批后，组织实施技术改造工作，按照相关规范和标准，对换流站的设备、线路、建筑物、构筑物等进行改造或更新，增强其抗震性能和安全性能。

（7）应在技术改造工作完成后，对换流站的运行情况进行测试和评估，验证技术改造的效果和效益，形成技术改造报告，报送给上级主管部门和相关单位。

10.7.3 总结评价

总结评价是地震灾害应急响应和后期处置工作的最后一个阶段，是对换流站的抗震救灾工作进行全面的回顾和反思，总结经验和教训，提出改进和完善的措施和建议，为今后的地震灾害应急处置工作提供参考和借鉴。总结评价工作应侧重于以下三点：

（1）检验换流站的应急响应能力和水平，评估换流站的应急措施的有效性和合理性，找出换流站的应急处置工作的优点和不足，为换流站的应急处置工作提供反馈和评价。

（2）分析换流站的抗震救灾工作的影响和效果，评估换流站的灾后恢复和重建的进展和成果，找出换流站的抗震救灾工作的成就和问题，为换流站的抗震救灾工作提供总结和认识。

（3）提炼换流站的抗震救灾工作的经验和教训，总结换流站的抗震救灾工作的规律和特点，找出换流站的抗震救灾工作的成功因素和失败原因，为换流站的抗震救灾工作提供借鉴和启示。

总结评价工作的方法多样，如表 10-5 所示。

表 10 – 5 换流站震后应急处置总结评价方法

方法	内容
文档分析	通过收集、整理、分析换流站的应急处置和抗震救灾工作的相关文档，如应急预案、应急报告、应急通告、救援记录、恢复报告等，从中提取出换流站的应急处置和抗震救灾工作的主要内容和数据，以便进行总结评价
问卷调查	通过设计、发放、回收、分析换流站的应急处置和抗震救灾工作的相关问卷，如应急满意度问卷、救援需求问卷、恢复评价问卷等，从中获取换流站的应急处置和抗震救灾工作的相关意见和建议，以便进行总结评价
访谈讨论	通过组织、实施、记录、归纳换流站的应急处置和抗震救灾工作的相关访谈和讨论，如应急经验交流、救援心得分享、恢复问题探讨等，从中了解换流站的应急处置和抗震救灾工作的相关感受和体会，以便进行总结评价
案例分析	通过选择、比较、分析换流站的应急处置和抗震救灾工作的典型案例，如应急处置的成功案例、救援工作的失败案例、恢复工作的创新案例等，从中发现换流站的应急处置和抗震救灾工作的优劣势和特色，以便进行总结评价

根据总结评价的目的和方法，确定总结评价的内容，如表 10 – 6 所示。

表 10 – 6 换流站震后应急处置总结评价框架

板块	子维度	内容
应急响应情况	时效性	评价换流站在地震发生后的应急响应的及时性和迅速性，如是否及时启动应急预案，是否及时成立应急指挥部，是否及时组织应急人员和物资，是否及时发布应急通告等
	合理性	评价换流站在地震发生后的应急响应的合理性和适当性，如是否根据灾情和需求制定应急措施，是否根据资源和条件分配应急任务，是否根据变化和发展调整应急计划，是否根据规范和标准执行应急工作等
	有效性	评价换流站在地震发生后的应急响应的有效性和成效性，如是否有效地保护了人员和设备的安全，是否有效地减轻了灾害的损失，是否有效地恢复了换流站的运行，是否有效地维护了社会的秩序等
抗震救灾情况	难度性	评价换流站在地震灾害中的抗震救灾工作的难度性和复杂性，如地震的强度和范围、灾情的严重程度和影响范围、救援的条件和环境、救援的需求和资源等
	成就性	评价换流站在地震灾害中的抗震救灾工作的成就性和贡献性，如救援的人数和比例、救援的速度和效率、救援的质量和水平、救援的创新和特色等
	问题性	评价换流站在地震灾害中的抗震救灾工作的问题性和不足性，如救援的困难和挑战、救援的失误和缺陷、救援的遗漏和漏洞、救援的改进和完善等
经验总结	应急处置方面	总结换流站在地震灾害中的应急处置工作的经验，如应急预案的制定和实施、应急指挥的组织和协调、应急人员的培训和管理、应急物资的储备和调配、应急信息的收集和发布、应急工作的执行和监督等
	抗震救灾方面	总结换流站在地震灾害中的抗震救灾工作的经验，如救援需求的分析和评估、救援资源的获取和利用、救援工作的规划和安排、救援效果的检验和评价、救援创新的探索和实践等

板块	子维度	内容
经验总结	灾后恢复方面	总结换流站在地震灾害中的灾后恢复工作的经验，如恢复需求的确定和优先、恢复资源的筹集和分配、恢复工作的实施和推进、恢复成果的展示和宣传、恢复创新的借鉴和推广等
结论	应急响应评价	综合评价换流站的应急响应能力和水平，给出换流站的应急响应的优劣势分析，如换流站的应急响应的时效性、合理性和有效性，以及换流站的应急响应的总体评价和评分
	抗震救灾评价	综合评价换流站的抗震救灾工作的影响和效果，给出换流站的抗震救灾的成就和问题分析，如换流站的抗震救灾的难度性、成就性和问题性的具体表现和原因，以及换流站的抗震救灾的总体评价和评分
	经验教训总结	综合总结换流站的抗震救灾工作的经验和教训，给出换流站的应急处置和抗震救灾的经验和教训总结，如换流站的应急处置和抗震救灾的成功因素和失败原因，以及换流站的应急处置和抗震救灾的规律和特点

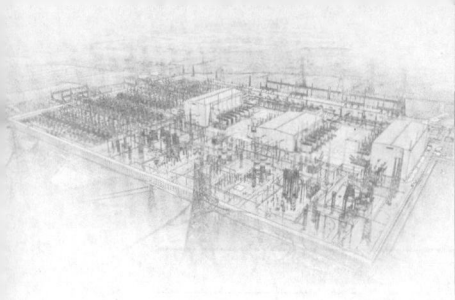

11 换流站抗震研究展望

11.1 多元失效模式下的换流站设备地震易损性评估

高压变电设备作为电力系统的核心功能设施，地震易损性较高，在近年历次地震中破坏频发，随着"十四五"规划对保障电力系统在极端灾害条件下正常运行能力的强调，以及生命线系统韧性评估研究的持续推进，高压变电设备在地震下的电气使用功能逐渐受到重视。仅从结构层面而言，目前对各类高压变电设备抗震性能的认识已较为充分，且已有研究采用各类减震装置、隔震支座等手段有效地提升了设备的抗震性能。研究方法也已经逐渐从确定性分析过渡到了不确定性分析，对高压变电设备的地震易损性进行了大量研究，并在此基础上开展了换流站系统的抗震韧性评估研究。但目前绝大多数研究主要着眼于设备结构承载力，将设备中起支撑作用的绝缘子或套管断裂视为唯一的破坏模式。但在实际上，至少还存在两种潜在破坏模式：① 相邻设备间的相对位移过大导致导线连接或电气绝缘失效；② 设备内部开关部件变形或者部件间相对位移导致电气绝缘失效。此外，许多设备还具有分、合闸的不同工作状态，设备响应特征、失效概率均存在差异。随着我国特高压工程的规模性建设，许多体量更大、电气功能要求更高的设备投入使用，地震下电气失效风险进一步增加。因此有必要考虑潜在失效模式的不同组合，根据地震风险水平，以及设备重要性，选择对应组合开展易损性分析。综上所述，将电气使用功能纳入考量，对高压变电设备开展地震易损性评估的需求变得十分迫切。本书以特高压旁路开关这一具有代表性的换流站典型设备为对象，分析并论证了在潜在多元失效模式下开展地震易损性评估的必要性。

高压变电设备需要相互连接来发挥电气功能，设备间相对距离变化引发的电气性能受损一直是设计中重点关注的问题。目前设备间一般通过不同类型的柔性导线＋金具进行连接，存在复杂的耦联作用，对设备间相对位移的计算也造成了较大困难。

11.2　换流站设备地震响应在线监测系统介绍

换流站设备地震响应在线监测系统是一种用于实时监测换流站设备在地震发生时的振动和应力情况的系统。这种监测系统可以提供及时的数据反馈，有助于评估设备的安全性和性能，从而采取必要的预防和保护措施。完整的监测系统一般包括以下组成部分：

（1）传感器。在线监测系统通常包括各种传感器，如加速度计、应变计、位移传感器等，这些传感器被布置在设备的关键位置，以测量地震引起的振动和变形。传感器的布置需要考虑设备的结构特点和地震对设备可能产生的不同影响。

（2）数据采集和处理。传感器采集到的数据会通过数据采集单元进行实时采集，并经过处理进行滤波、放大和转换，数据采集界面如图 11-1 所示。处理后的数据通常以数字形式存储，并可用于后续分析。

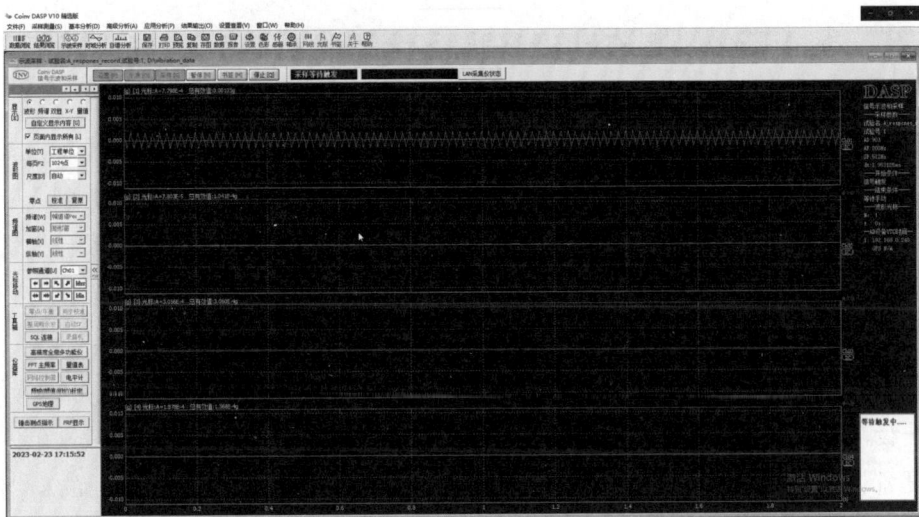

图 11-1　数据采集界面

（3）远程监测和通信。在线监测系统通常具有远程监测功能，通过网络或其他通信手段将实时数据传输到监测中心或相关的控制室。这使得监测人员可以随时随地监控设备的状态。

（4）实时报警系统。监测系统通常配备实时报警功能，一旦检测到地震引起的异常振动或应力，系统会立即发出警报。这有助于及时采取紧急措施，减轻地震对设备的可能影响。

（5）数据分析和报告生成。监测系统还可能提供数据分析工具，用于评估设备的地震响应。生成的报告可以用于设备性能评估、风险分析，也可作为制定改进措施的依据。

（6）其他监测项目。除了结构振动监测，在线监测系统还可以包括其他监测功能，例如温度监测、油色谱监测、湿度监测等，以全面评估设备的状态。

（7）设备结构信息数据库。监测系统通常能够记录历史数据，这有助于在地震后进行事故调查和分析，以改进未来的设计和应急响应策略。

通过使用换流站设备地震响应在线监测系统，运维人员可以更好地了解设备在地震事件中的表现，及时采取措施以减轻损失，提高设备的抗震能力和安全性。

11.3　换流站设备抗震性能的有限元仿真

随着地震工程领域的不断发展，有限元仿真技术成为评估换流站设备设施抗震性能的重要工具。有限元仿真通过数值模拟地震载荷，采用振型分解反应谱法或时程分析方法分析地震作用对换流站电气设备的影响，为抗震设计提供了翔实的工程分析和性能预测。在众多的换流站抗震研究中，换流站设备的有限元仿真技术研究存在以下发展趋势：

（1）有限元模型的精度与复杂性逐渐提高。随着计算机硬件和软件的不断升级，研究人员能够建立更为详尽、真实的有限元模型，从以往的换流站单体设备模型逐步发展到耦联设备回路模型，并建立了耦联设备连接处的精细化模拟技术，使仿真模型与实际工程更加相符，有助于更全面、真实地反映出地震作用对换流站设备的影响，得到更符合工程实际的设备动力响应特性。图 11-2～图 11-8 为常见换流站电力设备的精细化有限元模型。

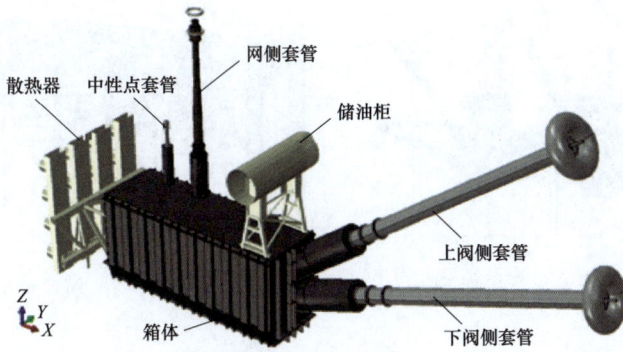

图 11-2 换流变压器

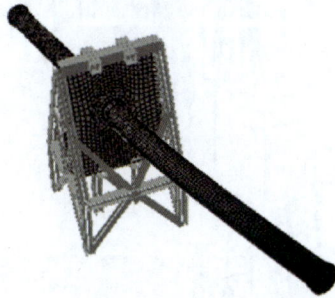

图 11-3 换流变压器阀侧穿墙套管

图 11-4 旁路开关

图 11-5 隔离开关

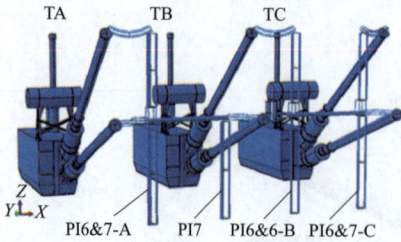

图 11-6　换流变压器回路

图 11-7　阀厅回路

图 11-8　极母线回路

（2）多物理场耦合的仿真应用逐渐增多。换流站作为电力系统的一部分，电磁场、热场和力场等多种物理场的相互作用对其抗震性能产生重要影响。有限元仿真趋向于整合这些多物理场耦合的模型，全面考量地震作用下设备的电磁、热学和动力响应，如图 11-9 所示。

（3）有限元仿真逐渐注重设备内部构造或电气元件的建模，其往往影响着设备的电气功能的正常运行。通过建立设备内部构造或电气元件的有限元模型，如变压器套管内部的电连接结构、旁路开关的内部触头及断路器内部动、静触头等，如图 11-10、图 11-11 所示。可以更全面地分析电气设备的内部响应特征，模拟内部构造的运动变形情况，并以此探究地震作用对设备电气性能的影响，能够更全面地评估设备在地震作用下的结构性能和电气性能。

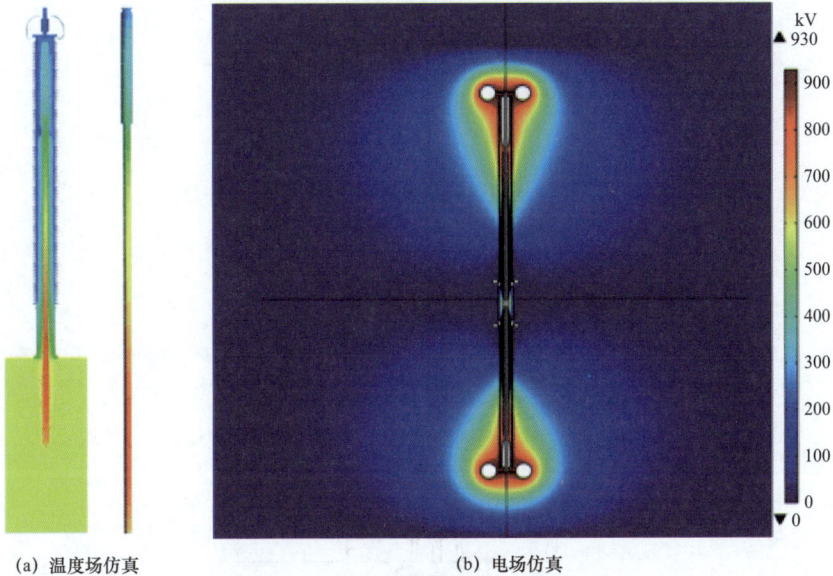

(a) 温度场仿真　　　　　　　　(b) 电场仿真

图 11-9　多物理场耦合仿真

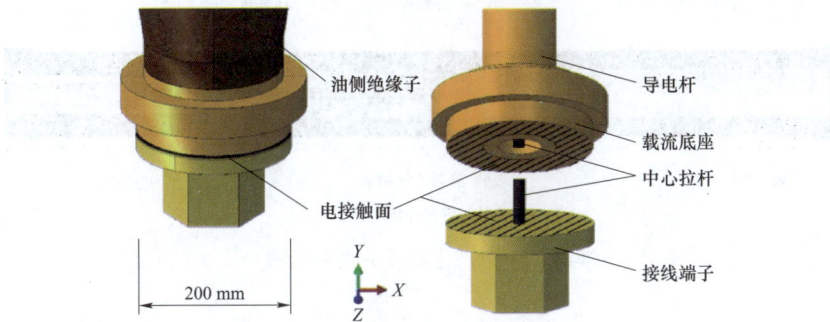

图 11-10　电气元件有限元连接结构

（4）参数不确定性分析在有限元仿真中的应用也在逐步增加。通过考虑材料参数、地震输入参数等的不确定性，使仿真结果更具可靠性，有助于为抗震设计提供更为全面的安全评估。

总体而言，有限元仿真技术在换流站设备设施抗震性能研究中发展迅猛，未来将更加注重模型的精度和复杂度、多物理场的耦合、设备内部构造或电气元件，以及参数不确定性的考虑，以更好地支持抗震设计，并提升设备设施在地震作用下的安全性和可靠性。

三联箱

灭弧室

支柱绝缘子

15014

2500

(a) 结构图

灭弧室绝缘子　　　　动触头　　　压气缸

静触头座　　　动、静触头接触点　　　中间触头

(b) 内部详图

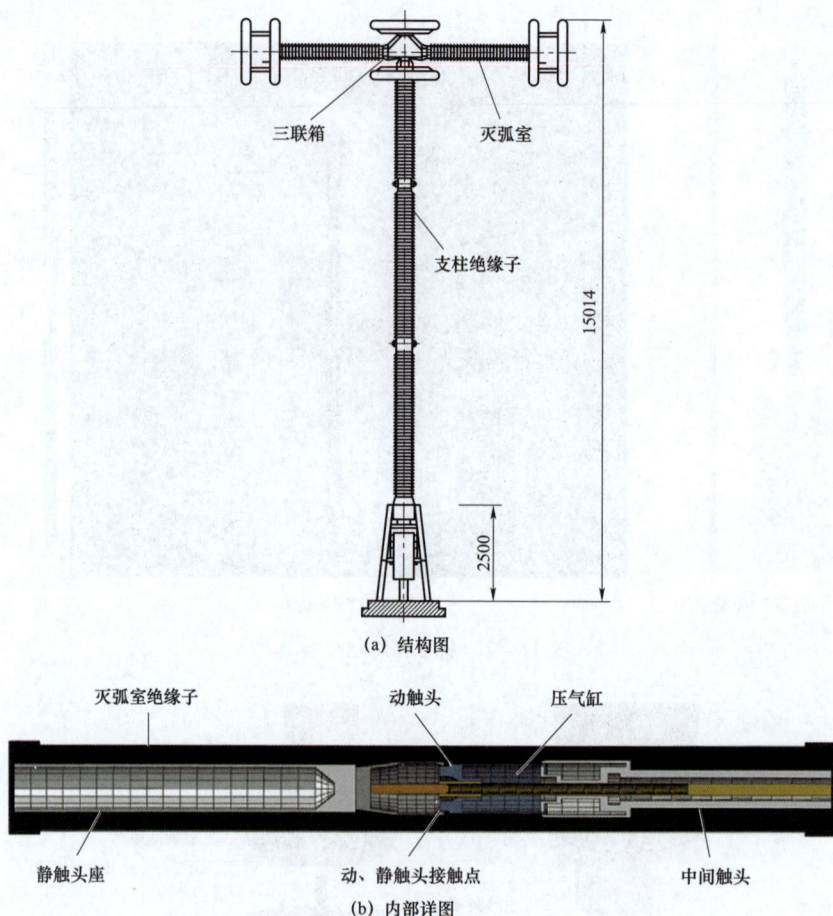

图 11-11　旁路开关内部触头

11.4　换流站电气设备的布置改善要点

换流站电气设备的布置对于确保设备安全、提高可靠性，以及便于维护和操作都至关重要，以下是改善换流站电气设备布置的要点：

（1）确保设备之间有足够的安全间距，防止设备之间发生意外碰撞、短路或其他安全问题。这也包括考虑设备的冷却需求，确保空气流通，防止过热。

（2）升级模块化布局策略，将设备划分为模块，根据功能和安全要求进行布局。模块化设计有助于隔离故障、简化维护，同时使得设备更容易扩展和升级。

（3）做好防火和安全措施，在布置电气设备时，考虑到防火和安全措施。使用防火墙、灭火系统等措施来降低火灾风险，同时确保设备易于操作和维护。

（4）采用紧凑设计布局，设备布置时要追求紧凑设计，最大限度地利用可用空间。这有助于降低站点建设和运营成本，并减少占地面积。

（5）优化站内可访问性，要确保设备易于访问，方便维护人员进行检修和维护工作。合理的通道和步道设计可以提高设备的可达性。

（6）升级抗震设计及对应措施，考虑站点所在地区的地震风险，采取适当的抗震措施，包括设备的抗震支撑和固定，以及相应的地震监测和报警系统和减隔震装置。

（7）全面具备远程监控和控制能力，配备远程监控和控制系统，以便操作人员可以远程监视设备状态、进行故障诊断和执行必要的操作。

（8）加大标准化和规范化力度，遵循相关的电气设备布置标准和规范，确保布局符合行业标准，提高设备的可维护性和安全性。

（9）充分考虑未来扩展的因素，在布置电气设备时，考虑到未来可能的系统扩展。合理的布局应该能够容纳未来的设备增加，以适应系统的发展。

11.5 抗震性能提升措施

抗震性能增强和地震反应减小的构造研究同样适用于电气设备，尤其是对于换流站等重要电力设施。

1. 基础设计和支撑结构

对于电气设备，基础设计和支撑结构的稳定性至关重要。研究人员会关注电气设备的重要支撑元素，确保其能够承受地震引起的动态负荷。这可能涉及采用特殊的基础设计和支撑结构，以减小地震对电气设备的影响，如图 11-12、图 11-13 所示。

2. 震动和冲击测试技术

进行电气设备的震动和冲击测试，以评估其在地震条件下的表现。这样的测试有助于确定设备的自然频率、震动模式，以及对震动和冲击的抵抗能力。

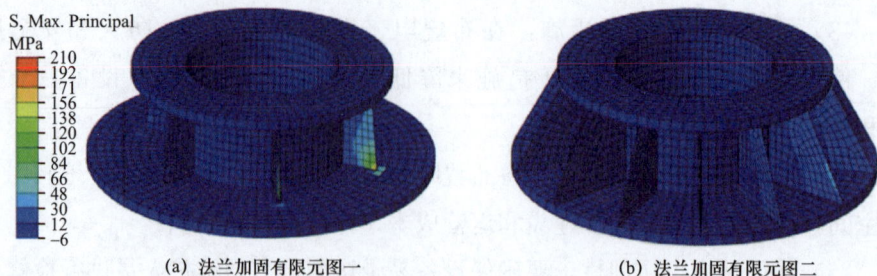

(a) 法兰加固有限元图一　　　　　　　　(b) 法兰加固有限元图二

图 11-12　法兰加固技术

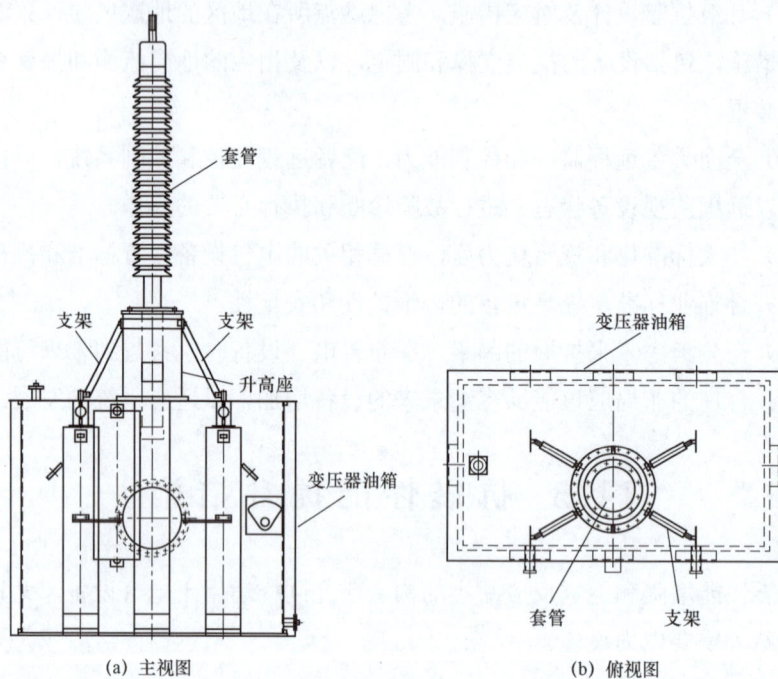

(a) 主视图　　　　　　　　(b) 俯视图

图 11-13　变压器套管加固技术

3. 材料研究和设备耐震性能

研究耐震性能较好的材料，以用于电气设备的制造。高强度、轻质的材料可能会被考虑，以提高设备在地震中的稳定性。

4. 结构分析和实时监测技术

使用先进的结构分析和数值建模方法，以更准确地模拟电气设备在地震中的行为。非线性分析、时程分析和实时监测技术等技术可以监控设备在地震中的响应。

5. 抗震规范和设计准则

制定并遵循抗震规范和设计准则，以确保电气设备在设计和安装过程中符合最新的抗震标准。这些规范通常会提供关于设备固定、支撑、防震等方面的具体指导。

6. 减隔震工程的应用

在电气设备领域，减隔震工程是一项涉及隔震装置、弹性支撑系统等技术，将电气设备与基础结构隔离开，有效减小地震引起的震动传递，如图 11-14 所示。隔震装置可以包括基础隔离和设备隔离，通过引入弹性元件或减震器，将电气设备与地面的直接接触减到最低程度。

电流互感器原结构

安装隔震器后结构

(a) 减震工程案例主视图　　　　　　　(b) 减震工程案例侧视图

图 11-14　减隔震工程应用

隔震技术的优点在于它可以有效减小结构和设备受到的地震作用，从而提高电气系统的抗震性能。这项技术不仅可以应用于新建电气设备工程，也可以作为现有设备的升级改造方案，提高其在地震条件下的可靠性。减隔震工程的应用不仅有助于降低电气设备受到的地震影响，还能够降低维修和修复成本，确保电力系统在地震后尽快恢复正常运行。因此，不断探索和应用新的隔震技术，可以提高电气设备在地震中的整体韧性和可靠性。

参 考 文 献

［1］ 谢强. 变电站换流站设备抗震理论及工程应用［M］. 北京：中国电力出版社，2023.

［2］ Xie Q, Zhu R Y. Damage to electric power grid infrastructure caused by natural disasters in china［J］. IEEE Power and Energy Magazine, 2011, 9(2): 28－36.

［3］ Liang H, Blagoievic N, Xie Q, et al. Seismic resilience assesment and improvement framework for electrical substaions, Earthquake Engineerina & Structural Dynamics［J］. 2023，52：1040－1058.

［4］ 梁黄彬，谢强. 变电站系统抗震韧性量化评估方法［J/OL］. 土木工程学报，2022，202－11－04.

［5］ 梁黄彬，谢强. 变电站系统的地震易损性分析方法［J］. 中国电机工程学报，2020，40（23）：7773－7782.

［6］ 梁黄彬，谢强. 特高压换流站系统的地震易损性分析［J］. 电网技术，2022，46（2）：551－557.

［7］ 谢强，张玥，何畅，等. 管母连接±800kV 复合支柱绝缘子的抗震性能分析及试验研究［J］. 高电压技术，2020，46（2）：626－633.

［8］ 胡彧婧，谢强. 管母线连接变电站电气设备的地震易损性分析［J］. 电力建设，2010，31（7）：22－28.

［9］ 赖炜煌，谢强，李晓璇，等. 悬吊式滤波电容器单体与耦联状态抗震性能对比分析［J］. 电力电容器与无功补偿，2020，41（3）：71－78＋93.

［10］ 谢强，何畅，杨振宇，等. ±800kV 特高压直流穿墙套管地震模拟振动台试验研究［J］. 电网技术，2018，42（1）：140－146.

［11］ 谢强，何畅，杨振宇，等. 1100kV 特高压变压器瓷套管地震作用破坏试验与分析［J］. 高电压技术，2017，43（10）：3154－3162.

［12］ 谢强，孙新豪，赖炜煌. 变压器–套管体系抗震加固理论分析及振动台试验［J］. 中国电机工程学报，2020，40（19）：6390－6399.

［13］ 石高扬，谢强. 支柱类电气设备中间层三维隔震振动台试验研究［J］. 土木工程学报：1－10.

［14］ 何畅，谢强，杨振宇. 1100kV 特高压气体绝缘开关套管－支架体系抗震性能加固试验研究［J］. 电网技术，2018，42（6）：2016－2022.

［15］ Alessandri S, Giannini R, et al. Seismic retrofitting of an HV circuit breaker using base isolation with wire ropes. Part 1: preliminary tests and analyses［J］. Engineering Structures, 2015, 98: 251－262.

［16］ Bai W, Dai J W, Zhou H M, et al. Experimental and analytical studies on multiple tuned mass dampers for seismic protection of porcelain electrical equipment［J］. Earthquake Engineering and Engineering Vibration, 2017, 16(4): 803－813.

［17］ Gökçe T, Yüksel E, Orakdöğen E. Seismic performance enhancement of high-voltage post insulators by a polyurethane spring isolation device［J］. Bulletin of Earthquake Engineering, 2019, 17: 1739－1762.

［18］ XIE Q, YANG Z Y, HE C, et al. Seismic performance improvement of a slender composite ultra-high voltage bypass switch using assembled base isolation［J］Engineering Structures, 2019, 194: 320－333.

［19］ 谢强，陈云龙，毛宝俊，等. ±800kV 换流变压器阀侧套管表带触指型电连接结构地震响应分析[J].高电压技术，2023，49（12）：4948-4959.

［20］ 刘潇，谢强. 特高压换流站抗震韧性及震后修复策略快速评估方法［J］. 中国电机工程学报，2024，44（3）：1224－1237.

［21］ 朱旺，张秀丽，谢强. 震后变电站瓷柱型设备性能快速评估方法［J］. 振动工程学报：1－11.

［22］ 陆军，朱旺，谢强. 基于动力响应的特高压变压器套管地震实时损伤识别［J］. 地震工程学报，2022，44（6）：1325－1331.

［23］ Li S, Tsang H H, Cheng Y F, et al. Considering seismic interaction effects in designing steel supporting structure for surge arrester［J］. Journal of Constructional Steel Research, 2017, 132: 151－163.

［24］ 何畅，谢强，马国梁，等. ±800kV 换流变压器－套管体系的抗震性能［J］. 高电压技术，2018，44（6）：1878－1883.

［25］ 石高扬，谢强，刘匀，等. 变电站支柱类设备减隔震设计方法［J］. 振动与冲击，2023，42（24）：109－116＋142.

［26］ 王丽杰，梁言桥，杨金根，等. 柔性直流背靠背换流站阀厅电气设备布置设计［J］. 电

力勘测设计, 2019 (07): 51−57.

[27] 马国梁, 谢强, 卓然, 等. 1000kV 电力变压器的抗震性能 [J]. 高电压技术, 2018, 44 (12): 3966−3972.

[28] 谢强, 马国梁, 朱瑞元, 等. 变压器−套管体系地震响应机理振动台试验研究 [J]. 中国电机工程学报, 2015, 35 (21): 5500−5510.

[29] 卿东生, 陈星, 李晓璇, 等. 大型变压器抗震加固方法及其经济效用分析 [J]. 高压电器, 2021, 57 (11): 139−147.

[30] 谢强, 朱瑞元, 屈文俊. 汶川地震中 500kV 大型变压器震害机制分析 [J]. 电网技术, 2012, 35 (3): 221−225.

[31] 杨振宇, 谢强, 何畅, 等. ±800kV 特高压直流换流阀地震响应分析 [J]. 中国电机工程学报, 2016, 36 (7): 1836−1841.

[32] 杨振宇, 谢强, 何畅, 等. 特高压直流换流阀减振控制技术及地震响应分析 [J]. 中国电机工程学报, 2017, 37 (23): 6821−6828+7073.

[33] Yang Z, Xie Q, Zhou Y, et al. Seismic performance and restraint system of suspended 800kV thyristor valve [J]. Engineering Structures, 2018, 169 (AUG.15): 179−187.

[34] Yang Z, Xie Q, He C. Dynamic behavior of multilayer suspension equipment and adjacent post insulators with elastic-viscous connections [J]. Structural Control and Health Monitoring, 2021, 28(2): e2662.

[35] Xie Q, He C, Zhou Y. Seismic evaluation of ultra-high voltage wall bushing [J]. Earthquake Spectra, 2019, 35(2): 611−633.

[36] 王晓游, 谢强, 罗兵, 等. ±800kV 穿墙套管的地震响应与振动控制 [J]. 高压电器, 2018, 54 (1): 16−22.

[37] 谢强, 王晓游, 胡蓉, 等. 带有减震装置的±800kV 特高压直流穿墙套管振动台试验研究 [J]. 高电压技术, 2018, 44 (10): 3368−3374.

[38] He C, Xie Q, Yang Z, et al. Seismic performance evaluation and improvement of ultra-high voltage wall bushing-valve hall system [J]. Jorunal of Constructional Steel Research, 2019, 154: 122−133.

[39] 王健生, 朱瑞元, 谢强, 等. 35kV 电容器成套装置抗震性能的仿真分析 [J]. 电力建设, 2012, 33 (4): 1−5.

[40] 文嘉意, 谢强, 胡蓉, 等. ±800kV 隔离开关地震模拟振动台试验研究 [J]. 南方电网

技术，2018，12（01）：14-20.

[41] 谢强，王健生，杨雯，等. 220kV 断路器抗震性能地震模拟振动台试验 [J]. 电力建设，2011，32（10）：10-17.

[42] 谢强，朱瑞元，周勇，等. 220kV 隔离开关地震模拟振动台实验 [J]. 电网技术，2012，36（9）：262-267.

[43] 谢强，杨振宇，何畅. 带减震支座的 T 型开关设备地震响应分析及试验研究 [J].地震工程与工程振动，2019，39（01）：54-61.

[44] Demetriades G F, Constantinou M C, Reinhorn A M. Study of wire rope systems for seismic protection of equipment in buildings [J]. Engineering Structures, 1993, 15(5): 321-334.

[45] Ni Y Q, Ko J M, Wong C W, et al. Modelling and identification of a wire-cable vibration isolator via a cyclic loading test [J]. Proceedings of the Institution of Mechanical Engineers, Part I: Journal of Systems and Control Engineering, 1999, 213(3): 163-172.

[46] Paolacci F，R Giannini. Study of the effectiveness of steel cable dampers for the seismic protection of electrical equipment [C]. In Proceedings of 14th World Conference on Earthquake Engineering，2008：12-17.

[47] 郭锋，吴东明，许国富，等. 中外抗震设计规范场地分类对应关系 [J]. 土木工程与管理学报，2011，28（2）：63-66.

[48] 国巍，李宏男. 多维地震作用下偏心结构楼面反应谱分析 [J]. 工程力学，2008，25（7）：125-132.

[49] 楼丹，武奇. 72.5kV 气体绝缘开关设备的抗震计算分析 [J]. 高压电器，2013，49（6）：78-80.

[50] 文波，牛荻涛. 考虑结构－电气设备相互作用的配电楼系统地震反应分析 [J]. 世界地震工程，2009，25（3）：102-107.

[51] 谢强. 电力系统的地震灾害研究现状与应急响应 [J]. 电力建设，2008，29（8）：1-6.